国家中职示范校建设课程改革创新教材

网店装修——Photoshop CS3 图像制作案例教程

庄女玲　戴斌斌　主　编

王昌东　童丹萍
　　　　　　　　副主编
李蒙蒙　陈利美

科　学　出　版　社

北　京

内 容 简 介

　　本书采用通俗易懂的文字、清晰形象的图片，便于读者理解和阅读，可以帮助读者快速掌握网店装修的技能。在编写过程中，根据中职学生和电脑初学者的学习习惯，采用由浅入深、由易到难的方式进行讲解，使读者能够尽快地学以致用。

　　本书结构清晰、内容丰富，通过教学项目推进学习，所选用的教学项目均来源于网店装修的工作任务，经一线教师结合职业院校教学实际进行转化形成。教学项目包括店铺 LOGO 设计、店招设计、宣传海报制作、商品照片处理、设计商品描述模板、淘宝旺铺装修等，并根据项目需要介绍 Photoshop CS3 软件常用工具的使用、图层应用、调整命令、路径应用等技能。

　　本书适合作为职业院校电子商务专业教材，也可作为广大网店卖家的装修参考用书，是新店主装修入门的必备书。

图书在版编目（CIP）数据

网店装修：Photoshop CS3 图像制作案例教程/庄女玲，戴斌斌主编. —北京：科学出版社，2014
　（国家中职示范校建设课程改革创新教材）
　ISBN 978-7-03-041327-7

　Ⅰ. ① 网… 　Ⅱ. ①庄… ②戴… 　Ⅲ. ①图象处理软件–中等专业学校–教材 　Ⅳ. ①TP391.41

中国版本图书馆 CIP 数据核字（2014）第 145607 号

责任编辑：殷晓梅 / 责任校对：柏连海
责任印制：吕春珉 / 封面设计：耕者设计工作室

科学出版社 出版
北京东黄城根北街 16 号
邮政编码：100717
http://www.sciencep.com

北京中科印刷有限公司印刷
科学出版社发行　　各地新华书店经销
*

2014 年 6 月第 一 版　　开本：787×1092　1/16
2019 年 7 月第三次印刷　　印张：12 1/2
字数：300 000
定价：32.00 元
（如有印装质量问题，我社负责调换〈中科〉）
销售部电话 010-62142126　编辑部电话 010-62135763-2007

前　言

随着电子商务广泛地深入到人们的现实生活中，越来越多的人将创业的目光瞄准到了网络开店，尤其是一些年轻人更是视其为就业的另一条出路。目前大多数网店都是依托于淘宝、易趣、有啊、拍拍等第三方平台来经营的。与自己制作电子商务网站相比，使用第三方平台开店成本更低廉、推广更方便，所以，网上开店已被越来越多的人接受，并迅速发展成一种全新职业。

为了在日趋激烈的竞争中脱颖而出，网店掌柜们纷纷装点门面，以吸引顾客眼球。于是，网店装修逐渐走俏起来。但是这个行业竞争也很激烈，从业人员需要掌握网店页面的配色、页面布局设计和装修的基本知识。

现阶段针对中职电子商务专业学生关于网店装修的教材仍相对空白，急需一本能够引领广大中职学生熟悉此领域并快速掌握相关技术的书籍，这正是此书编写的根本目的。本书由一线教师编著，是一本详细讲解网店装修的图书。本书从 Photoshop 软件介绍开始，但并不以学习该软件为目的，后面内容以建设网店将遇到的实际任务来展开编写，主要内容为：LOGO 设计、店招设计、宣传版块设计、产品详情设计，并根据项目需要介绍 Photoshop CS3 软件常用工具的使用、图层应用、调整命令、路径应用等专业技能，其中还有大量的关于创意、页面布局、页面视觉设计、页面配色等方面的知识，内容丰富全面。

项目 1 介绍 Photoshop CS3 的工作界面，要求读者掌握设置文件的基本方法、图像处理的基本概念。

项目 2 介绍 LOGO 的设计思路和制作方法，选框工具组、套索工具组、魔棒工具组及“选择”菜单下相关命令的使用方法和技巧。

项目 3 介绍店招设计的设计思路和制作方法，关于图层、变换画布、变换图像的相关操作方法和技巧。

项目 4 介绍宣传版块的设计思路和制作方法，文字工具、填充工具、图层样式的相关操作方法和技巧。

项目 5 介绍产品详情页的设计思路和制作方法，钢笔工具的操作方法和技巧，图像调整相关命令的使用方法，画笔工具的相关操作方法和技巧。

项目 6 介绍产品公共部分的基本组成及设置思路和制作方法，自定义形状工具的操作方法和技巧，以及标尺的设置与运用。

　　本书由庄女玲、戴斌斌主编，并对全书进行了统稿。项目 1 由李蒙蒙编写，项目 2、项目 3 由戴斌斌编写，项目 4 由童丹萍编写，项目 5 由陈利美编写，项目 6 由李蒙蒙编写。本书的编写得到了王昌东老师的大量指导和帮助，并提出了宝贵的意见，在此表示衷心的感谢!

　　本书采用通俗易懂的文字、清晰形象的图片，便于读者理解和阅读，可以帮助读者快速掌握网店装修的技能。在编写过程中，根据中职学生和电脑初学者的学习习惯，采用由浅入深、由易到难的方式进行讲解，使读者能够尽快地学以致用。

　　本书适合作为职业院校电子商务专业教材，也可作为广大网店卖家的装修参考用书，是新店主装修入门的必备书。

目　　录

1

项目 1　Photoshop CS3 简介

Photoshop CS3是Adobe公司推出的专业图像编辑软件，在众多图像处理软件中，该软件以其功能强大、集成度高、适用面广和操作简便而著称。它不仅提供强大的绘图工具，可以绘制艺术图形，还能从扫描仪、数码照相机等设备采集图像，对它们进行修改、修复，调整图像的色彩、亮度、改变图像的大小，还可以对多幅图像进行合并，增加特殊效果

学习目标

- 掌握工作界面的基本操作。
- 掌握设置文件的基本方法。
- 掌握图像处理的基本概念。

任务 1.1 初识 Photoshop CS3

1.1.1 Photoshop CS3 应用领域

Photoshop CS3 以其强大的位图编辑功能、灵活的操作界面、开发式的结构，渗透到了平面印刷设计、建筑装潢、游戏场景设计、广告设计、网页制作、动画制作、照片处理等图像设计的各个领域，Photoshop CS3 又增加了 Adobe Bridge、文件浏览器、RAW 格式多图像处理等功能，更加奠定了 Photoshop CS3 在各种图形编辑领域的重要地位。

1.1.2 Photoshop CS3 界面介绍

熟悉工作界面是学习 Photoshop CS3 的基础。熟练掌握工作界面的内容，有助于初学者日后得心应手地使用 Photoshop CS3。Photoshop CS3 的工作界面由标题栏、菜单栏、属性栏、工具箱、控制面板和状态栏组成，如图 1-1-1 所示。

图 1-1-1

1. 菜单栏

Photoshop CS3 的菜单栏包括"文件"菜单、"编辑"菜单、"图像"菜单、"图层"菜单、"选择"菜单、"滤镜"菜单、"分析"菜单、"视图"菜单、"窗口"菜单及"帮助"菜单，如图 1-1-2 所示。

利用菜单命令可以完成对图像的编辑、色彩调整、添加滤镜效果等操作。

文件(F)	编辑(E)	图像(I)	图层(L)	选择(S)	滤镜(T)	分析(A)	视图(V)	窗口(W)	帮助(H)

图 1-1-2

"文件"菜单：包含各种文件操作命令。

"编辑"菜单：包含各种文件编辑的操作命令。

"图象"菜单：包含各种的改变图像大小、颜色等的操作命令。

"图云"菜单：包含各种调整图像中的图层的操作命令。

"选择"菜单：包含各种关于选区的操作命令。

"滤竟"菜单：包含各种添加滤镜效果的操作命令。

"分析"菜单：包含各种测量图像、数据分析的操作命令。

"视图"菜单：包含各种对视图进行设置的操作命令。

"窗口"菜单：包含各种显示或隐藏控制面板的命令。

"帮助"菜单：包含各种帮助信息。

2．工具箱

工具箱中包含多种工具。利用不同的工具可以完成对图像的绘制、观察、测量等操作。

Photoshop CS3 的工具箱具有简洁、紧凑的特点，它将一些功能类似的工具归为同类型工具，大致可分为选区工具、绘画工具、修补工具、颜色设置工具及显示控制工具等几类，如图 1-1-3 所示。

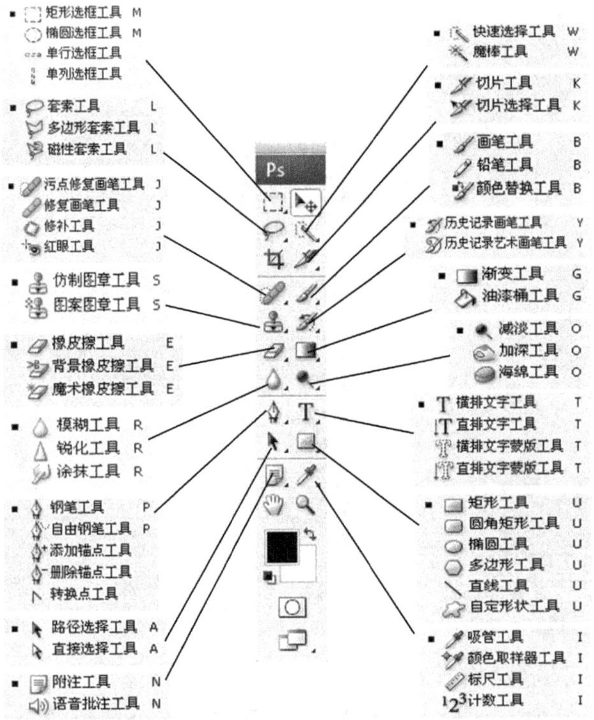

图 1-1-3

3

要了解每个工具名称，可以将鼠标指针放置在工具图标的上方，此时会弹出一个黄色的图标，其中显示该工具的具体名称，如图 1-1-4 所示。工具名称后面括号中的字母代表选择此工具的快捷键，按该键就可以快速切换到相应的工具。

（1）切换工具箱的显示状态

Photoshop CS3 中的工具箱可以根据需要切换单栏与双栏显示状态。当工具箱显示为双栏时，如图 1-1-5 所示，单击工具箱上方的双箭头图标，工具箱即显示为单栏，可以节省工作空间，如图 1-1-6 所示。

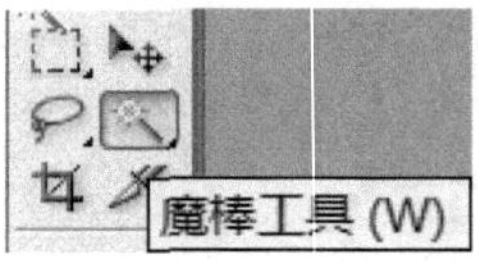

图 1-1-4 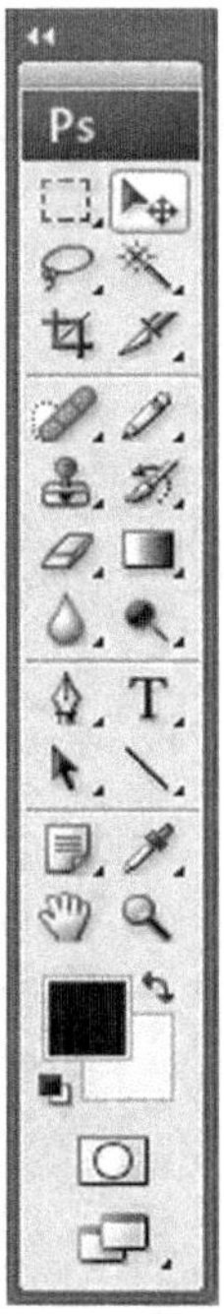　　　　　　　图 1-1-5 　　　　　　　图 1-1-6

（2）显示/隐藏工具箱

在工具箱中，部分工具图标的右下方有一个黑色的小三角，表示在该工具下还有隐藏的工具，称复合工具。按住 **Alt** 键并单击该复合工具，每单击一次可切换一个隐藏工具，或者在工具箱中有小三角的工具图标上单击并按住鼠标左键不放，将弹出隐藏的工具列表，如图 1-1-7 所示，在工具图标上并单击，即可选择该工具。

（3）恢复工具箱的默认设置

选择该工具，在相应的工具属性栏中用鼠标右键单击工具图标，在弹出的快捷键菜单中选择"复位工具"命令，如图 1-1-8 所示。

图 1-1-7

图 1-1-8

（4）鼠标指针的显示状态

当选择工具箱的工具后，图像中的鼠标指针就变成工具图标。例如，选择裁剪工具，图像窗口中的鼠标指针也随之显示为裁剪工具的图标，如图 1-1-9 所示。

选择画笔工具，鼠标指针显示为画笔工具的对应图标，如图 1-1-10 所示。

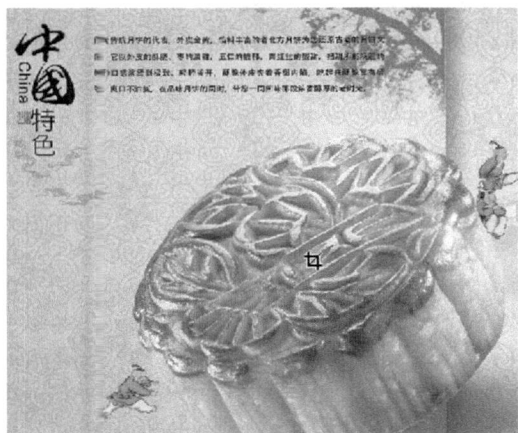

图 1-1-9　　　　　　　　　　　图 1-1-10

按 Caps Lock 键，鼠标指针转换为精确的十字形图标，如图 1-1-11 所示。

3．工具属性栏

工具属性栏是工具箱中各个工具的功能扩展。通过在属性栏中设置不同的选项，可以快速地完成多样化的操作。

工具属性栏位于菜单栏的下方，在工具箱中选取不同的工具时，工具属性栏中显示的内容和参数也各不相同。使用工具属性栏都有一个基本的操作顺序：先在工具箱中选取要使用的工具，然后根据需要在该工具属性栏中进行参数的设置，最后使用该工具对图像进行编辑和修改。当然用户也可以使用系统默认的参数对图像进行编辑和修改。

例如，当选择魔棒工具 时，工作界面的上方会出现相应的魔棒工具属性栏，可以应用属性栏中的各个选项对工具做进一步的设置，如图 1-1-12 所示。

图 1-1-11

图 1-1-12

4．控制面板

控制面板是 Photoshop CS3 的重要组成部分。通过不同的功能面板可以完成图像的填充颜色、设置图层、添加样式等操作。

Photoshop CS3 提供了 19 种控制面板，其中常用的有"图层"面板、"通道"面板和"路径"面板，使用这些面板可以对图层、通道、路径及色彩进行相关的设置和控制，使图像处理更为方便、快捷。

用户若要选择某个面板，可单击面板窗口中相应的标签；若要隐藏某个面板窗口，可单击"窗口"菜单中带 √ 标记的命令，或单击面板窗口右上角的"关闭"按钮；若要重新显示已隐藏的面板，可单击"窗口"菜单中不带 √ 标记的命令。

5．状态栏

状态栏可以提供当前文件的显示比例、文档大小、当前工具、暂存盘大小等信息。

状态栏位于图像窗口的底部，用于显示图像处理时的基本信息，它由两部分组成，其中左侧区域显示图像的显示比例。打开一幅图像时，图像的下方会出现该图像的状态栏，如图 1-1-13 所示。

显示比例　　　　图像信息

16.67%　　文档:42.6M/62.6M

图 1-1-13

用户也可在该窗口中输入数值后，按 Enter 键来改变显示比例。右侧区域庁于显示图像文件信息。在状态栏的左侧部分显示当前图像的文件信息，单击三角形图标，在弹出的下拉菜中选择"显示"菜单，在弹出的子菜单中可以选择当前图像相关的命令。

1.1.3 Photoshop CS3 新增功能

1）Photoshop CS3 最大的改变是工具箱，变成可伸缩的，可显示为长单条和短双条。

2）工具箱上的快速蒙版模式和屏幕切换模式改变了切换方法。

3）工具箱的选择工具选项中，多了一个组选择模式，可以自由决定选择组或者单独的图层。

4）工具箱多了快速选择工具，是魔术棒的快捷版本，可以不用任何快捷键进行加选，按住不放可以像绘画一样选择区域，非常便捷。选项栏也有新、加、减三种模式可选，选择颜色差异大的图像会非常直观、快捷。

5）所有的选择工具都包含重新定义选区边缘（Refine Edge）的选项，如定义边缘的半径、对比度、羽化程度等，可以对选区进行收缩和扩充。另外还有多种显示模式可选，如快速蒙版模式和蒙版模式等，非常方便。

6）大大增强对 Raw 格式图片的支持，Photoshop CS3 大大增强了对数码照相机的 Raw 格式图片的支持，使用 Camera Raw 对话框可以直接编辑 JPEG、TIFF 或 RAW 格式的图片。新增加的 Fill Light、Recovery、Vibrance 等工具允许用户更轻松方便地调整照片。

7）多了一个"克隆（仿制）源"调板，和仿制图章配合使用，允许定义多个克隆源（采样点），就好像 Word 有多个剪贴板内容一样。另外克隆源可以进行重叠预览，提供具体的采样坐标，可以对克隆源进行移位缩放、旋转、混合等编辑操作。克隆源可以针对一个图层，也可以是上下两个，也可以是所有图层，这比之前的版本多了一种模式。

8）在 Adobe Bridge 的预览中可以使用放大镜工具来放大局部图像，这个放大镜还可以移动，还可以旋转；如果同时选中了多个图片，还可以一起预览。

任务 1.2 图像处理的基本概念

1.2.1 位图与矢量图

1. 位图

位图图像又称点阵图像，它是由众多色块（像素）组成的，位图的每个像素点都含有位置和颜色信息。将位图放大到一定倍数后，可以较明显地看到一个个方形色块，每一个色块就是一个像素。如图 1-2-1 所示，左图为原图 100%显示时的效果，右图为局部放大至 1600%后的效果。

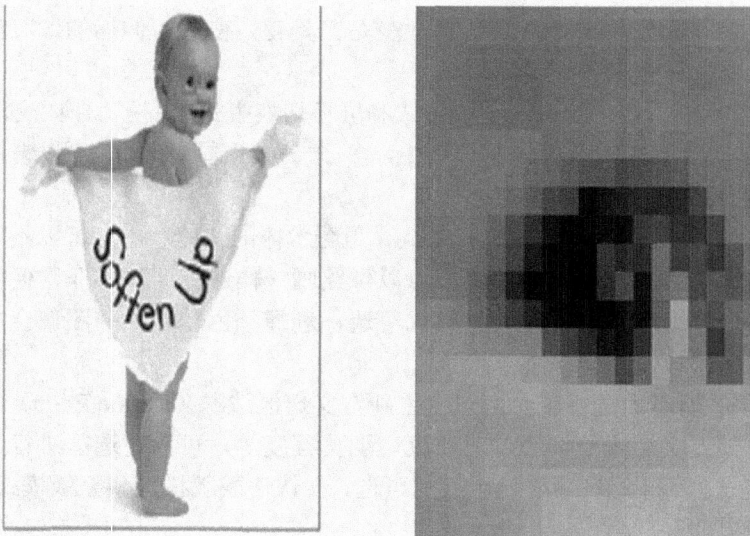

图 1-2-1

2．矢量图

矢量图像又称向量图像，它是由线和图块组成的。矢量图在放大或缩小时，图像的色彩信息保持不变，且不会失真。

1.2.2 像素与分辨率

1）像素：图像的像素是指位图图像在高、宽两个方向上的像素数。

2）图像分辨率：图像分辨率是指打印图像时，在每个单位长度上打印的像素数，通常以"像素/英寸"和"像素/厘米"来衡量。

3）显示器分辨率：在显示器中每单位长度显示的像素或点数，通常以"点/英寸"来衡量。

4）打印机分辨率：与显示器分辨率类似，打印机分辨率也以"点/英寸"来衡量。若打印机分辨率为 300～600 点/英寸，则图像的分辨率最好为 72～150 像素/英寸；若打印机的分辨率为 1200 点/英寸或更高，则图像分辨率最好为 200～300 像素/英寸。

1.2.3 图像格式

当用 Photoshop CS3 制作或处理好一幅图像后，就要进行存储。这时选择一种合适的文件格式就显得十分重要。Photoshop CS3 中有 20 多种文件格式可供选择，在这些文件格式中既有 Photoshop 的专用格式，也有用于应用程序交换的文件格式，还有一些比较特殊的格式。

1．PSD 格式

PSD 格式和 PDD 格式是 Photoshop 的专用文件格式，能够支持从线图到 CMYK 的所有图像类型，但由于在一些图形处理软件中没有得到很好的支持，因此其通用性不强。PSD 格式和 PDD 格式能够保存图像数据的细小部分，如图层、附加的通道等特殊处理信息。在最终决定图像的存储格式前，最好先以这两种格式存储。另外，使用 Photoshop 打开和存储这两种格式的文件比其他格式更快。但是这两种格式也有缺点，即它们所存储的图像文件占用的存储空间较大。

2．TIF 格式

TIF 格式是标签图像格式，TIF 格式对于色彩通道图像来说是比较有用的格式，它具有很强的可移植性，可以用于 PC、Macintosh 及 UNIX 平台，是这三大平台使用最广泛的绘图格式之一。

用 TIF 格式存储时应考虑文件的大小，因为 TIF 格式的结构要比其他格式更复杂。但 TIF 格式支持 24 个通道，能存储对于 4 个通道的文件格式。TIF 文件格式还允许使用 Photoshop CS3 中的复杂工具和滤镜特效。TIF 格式非常适合于印刷和输出。

3．BMP 格式

BMP 是 Bitmap 的缩写，它可以用于绝大多数 Windows 操作系统下的应用程序中。

BMP 格式使用索引色彩，它的图像具有极为丰富的色彩，并可以使用 16M 色彩渲染图像。BMP 格式能够存储黑白图、灰度图和 16M 色彩的 RGB 图像等。此格式一般在多媒体演示、视频输出等情况下使用，但不能在 Macintosh 程序中使用。在存储 BMP 格式的图像文件时还可以进行无损压缩，这样能够节省磁盘空间。

4．GIF 格式

GIF 是 Graphics Interchange Format 的缩写。GIF 格式图像文件所占的存储空间比较小，它形成一种压缩的 8bit 图像文件。如果在网络中传送图像文件，GIF 格式图像的传送速度要比其他格式的图像快得多。

5．JPEG 格式

JPEG 是 joint photographic experts group 的缩写，中文意思是"联合图片专家组"。JPEG 格式既是 Photoshop CS3 支持的一种文件格式，也是一种压缩方案，它是 Macintosh 上常用的一种存储类型。JPEG 格式是压缩格式中"佼佼者"。与 TIF 文件格式采用的无损压缩相比，它的压缩比例更大。但它使用的有损压缩会丢失部分数据，用户可以在存储前选择图像的最后质量，从而控制数据的损失程度。

6．EPS 格式

EPS 是 encapsulated post script 的缩写。EPS 格式是 Illustrator 和 Photoshop 之间可交换的文件格式。Illustrator 软件制作出的流动曲线、简单图形和专业图像一般存储为 EPS 格式，Photoshop 可以获取这种格式的文件。在 Photoshop CS3 中也可以把其他图形文件存储为 EPS 格式，以便在 Pagemaker、Illustrator 等软件中使用。

7．选择合适的图像文件存储格式

用户可以根据工作任务的需要选择合适的图像文件存储格式。用于印刷：TIFF、EPS；出版物：PDF；Internet 中的图像：GIF、JEPG、PNG；用于 Photoshop 工作：PSD、PDD、TIFF。

任务 *1.3* 基本操作

1.3.1 新建图像

选择"文件→新建"命令或按 Ctrl+N 组合键，弹出"新建"对话框，如图 1-3-1 所示。

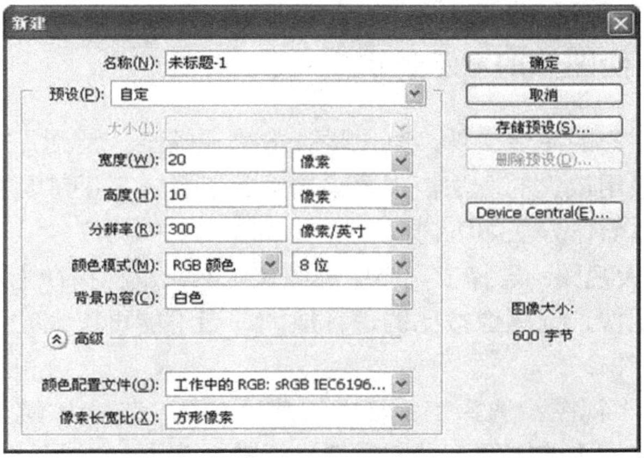

图 1-3-1

在"新建"对话框中可以设置新建图像的文件名、宽度和高度、分辨率、颜色模式等选项，设置完成后单击"确定"按钮，即可完成新建图像，如图 1-3-2 所示。

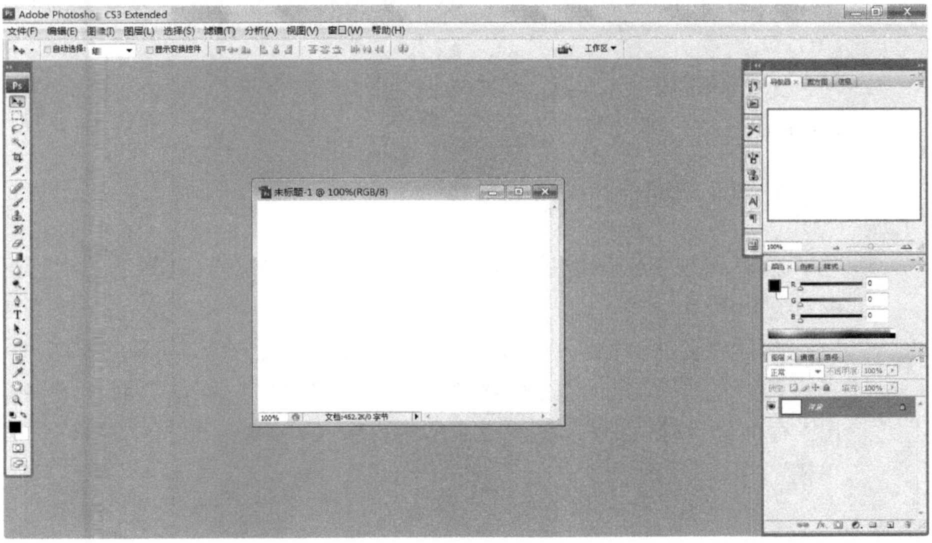

图 1-3-2

1.3.2 打开图像

如果要对图像进行修改和处理，要在 Photoshop CS3 中打开需要的图像。

选择"文件→打开"命令或按 Ctrl+O 组合键，弹出"打开"对话框，在其中选择路径，确认文件类型和名称，通过 Photoshop CS3 提供的预览缩略图选择文件，然后单击"打开"按钮或直接双击文件，即可打开所指定的图像文件。

1.3.3 改变图像的显示比例

对于打开的图像文件，可以进行放大或缩小，特别是对细节进行处理时应采用放大的方法，主要采用缩放工具、抓手工具和导航器来完成，具体操作方法如下：

1）放大视图：选择工具箱中的缩放工具，鼠标指针为加号，单击要放大的图像，则图像按比例进行放大，当不能再放大时，鼠标指针中心变为空白；

2）缩小视图：选择工具箱中的缩放工具，按 Alt 键，鼠标为减号，单击要缩小的图像，则图像按比例进行缩小；

3）通过菜单上的放大（快捷键为 Ctrl++）或缩小（快捷键为 Ctrl+-）来完成；

4）通过使用缩放工具，在图中划出矩形的区域，则选区内的图形按最大比例在窗口显示。按屏幕大小进行缩放：可以将文件的大小调整好适合屏幕的大小，便于从整体看图像的效果，快捷键 Ctrl+O；

5）实际像素：可以将文件以实际的大小进行显示，快捷键为 Ctrl+Alt+O。

1.3.4 保存图像

编辑和制定完图像后，就需要将图像进行保存，以便于下次打开继续进行操作。

选择"文件→储存"命令，或者按 Ctrl+S 组合键，可以存储文件。当设计好的作品第一次进行存储时，选择"文件→存储"命令，将弹出"存储为"对话框，如图 1-3-3 所示，输入文件名、选择文件格式后，单击"保存"按钮即可。

图 1-3-3

1.3.5 关闭图像

将图像进行存储后，可以将其关闭。选择"文件→关闭"命令或按 Ctrl+W 组合键，可以关闭文件。关闭图像时，若当前文件被修改过或是新建文件，则会弹出提示框，单击"是"按钮即可存储并关闭图像。

1.3.6 常用快捷键

1．工具箱快捷键

多种工具共用一个快捷键的,可同时按 Shift 键加此快捷键的选取。

矩形、椭圆选框工具：M。

移动工具：V。

套索、多边形套索、磁性套索：L。

魔棒工具：W。

裁剪工具：C。

切片工具、切片选择工具：K。

喷枪工具：J。

画笔工具、铅笔工具：B。

橡皮图章、图案图章：S。

历史画笔工具、艺术历史画笔：Y。

橡皮擦、背景擦除、魔术橡皮擦：E。

渐变工具、油漆桶工具：G。

模糊、锐化、涂抹工具：R。

减淡、加深、海绵工具：O。

路径选择工具、直接选取工具：A。

文字工具：T。

钢笔、自由钢笔：P。

矩形、圆边矩形、椭圆、多边形、直线：U。

写字板、声音注释：N。

吸管、颜色取样器、度量工具：I。

抓手工具：H。

缩放工具：Z。

默认前景色和背景色：D。

切换前景色和背景色：X。

切换标准模式和快速蒙版模式：Q。

标准屏幕模式、带有菜单栏的全屏模式、全屏模式：F。

跳转到 ImageReady3.0：Ctrl+Shift+M。

临时使用移动工具：Ctrl。

临时使用吸色工具：Alt。

临时使用抓手工具：空格。

快速输入工具选项（当前工具选项面板中至少有一个可调节数字）：0～9。

循环选择画笔："["或"]"。

建立新渐变（在"渐变编辑器"中）：Ctrl+N。

2．文件操作快捷键

新建图形文件：Ctrl+N。

打开已有的图像：Ctrl+O。

打开为：Ctrl+Alt+O。

关闭当前图像：Ctrl+W。

保存当前图像：Ctrl+S。

另存为：Ctrl+Shift+S。

存储为网页用图形：Ctrl+Alt+Shift+S。

页面设置：Ctrl+Shift+P。

打印预览：Ctrl+Alt+P。

打印：Ctrl+P。

退出 Photoshop：Ctrl+Q。

3．编辑操作快捷键

还原/重做前一步操作：Ctrl+Z。

一步一步向前还原：Ctrl+Alt+Z。

一步一步向后重做：Ctrl+Shift+Z。

淡入/淡出：Ctrl+Shift+F。

剪切选取的图像或路径：Ctrl+X 或 F2。

拷贝选取的图像或路径：Ctrl+C。

合并复制：Ctrl+Shift+C。

将剪贴板的内容粘到当前图形中：Ctrl+V 或 F4。

将剪贴板的内容粘到选框中：Ctrl+Shift+V。

自由变换：Ctrl+T。

应用自由变换（在自由变换模式下）：Enter。

从中心或对称点开始变换（在自由变换模式下）：Alt。

限制（在自由变换模式下）：Shift。

扭曲（在自由变换模式下）：Ctrl。

取消变形（在自由变换模式下）：Esc。

自由变换复制的像素数据：Ctrl+Shift+T。

再次变换复制的像素数据并建立一个副本：Ctrl+Shift+Alt+T。

删除选框中的图案或选取的路径：Del。

用背景色填充所选区域或整个图层：Ctrl+BackSpace 或 Ctrl+Del。

用前景色填充所选区域或整个图层：Alt+BackSpace 或 Alt+Del。

弹出"填充"对话框：Shift+BackSpace。

从历史记录中填充：Alt+Ctrl+Backspace。

打开"颜色设置"对话框：Ctrl+Shift+K。

打开"预先调整管理器"对话框：Alt+E 放开后按 M。

预设画笔（在"预先调整管理器"对话框中）：Ctrl+1。

预设颜色样式（在"预先调整管理器"对话框中）：Ctrl+2。

预设渐变填充（在"预先调整管理器"对话框中）：Ctrl+3。

预设图层效果（在"预先调整管理器"对话框中）：Ctrl+4。

预设图案填充（在"预先调整管理器"对话框中）：Ctrl+5。

预设轮廓线（在"预先调整管理器"对话框中）：Ctrl+6。

预设定制矢量图形（在"预先调整管理器"对话框中）：Ctrl+7。

打开"预置"对话框：Ctrl+K。

显示最后一次显示的"预置"对话框：Alt+Ctrl+K。

设置"常规"选项（在"预置"对话框中）：Ctrl+1。

设置"存储文件"（在"预置"对话框中）：Ctrl+2。

设置"显示和光标"（在"预置"对话框中）：Ctrl+3。

设置"透明区域与色域"（在"预置"对话框中）：Ctrl+4。

设置"单位与标尺"（在"预置"对话框中）：Ctrl+5。

设置"参考线与网格"（在"预置"对话框中）：Ctrl+6。

设置"增效工具与暂存盘"（在"预置"对话框中）：Ctrl+7。

设置"内存与图像高速缓存"（在"预置"对话框中）：Ctrl+8。

4．图像调整快捷键

调整色阶：Ctrl+L。

自动调整色阶：Ctrl+Shift+L。

自动调整对比度：Ctrl+Alt+Shift+L。

打开曲线调整对话框：Ctrl+M。

在所选通道的曲线上添加新的点（"曲线"对话框中）：在图像中按住 Ctrl+点按。

在复合曲线以外的所有曲线上添加新的点（"曲线"对话框中）：Ctrl+Shift+点按。

移动所选点（"曲线"对话框中）：↑/↓/←/→。

以 10 点为增幅移动所选点（"曲线"对话框中）：Shift+箭头。

选择多个控制点（"曲线"对话框中）：Shift+点按

前移控制点（"曲线"对话框中）：Ctrl+Tab。

后移控制点（"曲线"对话框中）：Ctrl+Shift+Tab。

添加新的点（"曲线"对话框中）：点按网格。

删除点（"曲线"对话框中）：Ctrl 加点按点。

取消选择所选通道上的所有点（"曲线"对话框中）：Ctrl+D。

使曲线网格更精细或更粗糙（"曲线"对话框中）：Alt+点按网格

选择彩色通道（"曲线"对话框中）：Ctrl+～。

选择单色通道（"曲线"对话框中）：Ctrl+数字。

打开"色彩平衡"对话框：Ctrl+B。

打开"色相/饱和度"对话框：Ctrl+U。

全图调整（"在色相/饱和度"对话框中）：Ctrl+～。

只调整红色（"在色相/饱和度"对话框中）：Ctrl+1。

只调整黄色（"在色相/饱和度"对话框中）：Ctrl+2。

只调整绿色（"在色相/饱和度"对话框中）：Ctrl+3。

只调整青色（"在色相/饱和度"对话框中）：Ctrl+4。

只调整蓝色（"在色相/饱和度"对话框中）：Ctrl+5。

只调整洋红（"在色相/饱和度"对话框中）：Ctrl+6。

去色：Ctrl+Shift+U。

反相：Ctrl+I。

打开"抽取（Extract）"对话框：Ctrl+Alt+X。

边缘增亮工具（在"抽取"对话框中）：B。

填充工具（在"抽取"对话框中）：G。

擦除工具（在"抽取"对话框中）：E。

清除工具（在"抽取"对话框中）：C。

边缘修饰工具（在"抽取"对话框中）：T。

缩放工具（在"抽取"对话框中）：Z。

抓手工具（在"抽取"对话框中）：H。

改变显示模式（在"抽取"对话框中）：F。

加大画笔大小（在"抽取"对话框中）：]。

减小画笔大小（在"抽取"对话框中）：[。

完全删除增亮线（在"抽取"对话框中）：Alt+BackSpace。

增亮整个抽取对象（在"抽取"对话框中）：Ctrl+BackSpace。

打开"液化（Liquify）"对话框：Ctrl+Shift+X。

扭曲工具（在"液化"对话框中）：W。

顺时针转动工具（在"液化"对话框中）：R。

逆时针转动工具（在"液化"对话框中）：L。

缩拢工具（在"液化"对话框中）：P。

扩张工具（在"液化"对话框中）：B。

反射工具（在"液化"对话框中）：M。

重构工具（在"液化"对话框中）：E。

冻结工具（在"液化"对话框中）：F。

解冻工具（在"液化"对话框中）：T。

应用"液化"效果并退回 Photoshop 主界面（在"液化"对话框中）：

Enter。

放弃"液化"效果并退回 Photoshop 主界面（在"液化"对话框中）：
ESC。

5．图层操作快捷键

从对话框新建一个图层：Ctrl+Shift+N。

以默认选项建立一个新的图层：Ctrl+Alt+Shift+N。

通过复制建立一个图层（无对话框）：Ctrl+J。

从对话框建立一个通过复制的图层：Ctrl+Alt+J。

通过剪切建立一个图层（无对话框）：Ctrl+Shift+J。

从对话框建立一个通过剪切的图层：Ctrl+Shift+Alt+J。

与前一图层编组：Ctrl+G。

取消编组：Ctrl+Shift+G。

将当前层下移一层：Ctrl+[。

将当前层上移一层：Ctrl+]。

将当前层移到最下面：Ctrl+Shift+[。

将当前层移到最上面：Ctrl+Shift+]。

激活下一个图层：Alt+[。

激活上一个图层：Alt+]。

激活底部图层：Shift+Alt+[。

激活顶部图层：Shift+Alt+]。

向下合并或合并联接图层：Ctrl+E。

合并可见图层：Ctrl+Shift+E。

盖印或盖印联接图层：Ctrl+Alt+E。

盖印可见图层：Ctrl+Alt+Shift+E。

调整当前图层的透明度（当前工具为无数字参数的，如移动工具）：
0～9。

保留当前图层的透明区域（开关）：/。

使用预定义效果（在"效果"对话框中）：Ctrl+1。

混合选项（在"效果"对话框中）：Ctrl+2。

投影选项（在"效果"对话框中）：Ctrl+3。

内部阴影（在"效果"对话框中）：Ctrl+4。

外发光（在"效果"对话框中）：Ctrl+5。

内发光（在"效果"对话框中）：Ctrl+6。

斜面和浮雕（在"效果"对话框中）：Ctrl+7。

轮廓（在"效果"对话框中）：Ctrl+8。

材质（在"效果"对话框中）：Ctrl+9。

6. 图层混合模式快捷键

循环选择混合模式：Shift+－或＋。

正常：Shift+Alt+N。

溶解：Shift+Alt+I。

正片叠底：Shift+Alt+M。

屏幕：Shift+Alt+S。

叠加：Shift+Alt+O。

柔光：Shift+Alt+F。

强光：Shift+Alt+H。

颜色减淡：Shift+Alt+D。

颜色加深：Shift+Alt+B。

变暗：Shift+Alt+K。

变亮：Shift+Alt+G。

差值：Shift+Alt+E。

排除：Shift+Alt+X。

色相：Shift+Alt+U。

饱和度：Shift+Alt+T。

颜色：Shift+Alt+C。

光度：Shift+Alt+Y。

去色：海绵工具+Shift+Alt+J。

加色：海绵工具+Shift+Alt+A。

7. 选择功能快捷键

全部选取：Ctrl+A。

取消选择：Ctrl+D。

重新选择：Ctrl+Shift+D。

羽化选择：Ctrl+Alt+D。

反向选择：Ctrl+Shift+I。

载入选区：Ctrl+单击图层、路径、通道面板中的缩略图。

8. 滤镜快捷键

按上次的参数再做一次上次的滤镜：Ctrl+F。

取消上次所做滤镜效果：Ctrl+Shift+F。

重复上次所做的滤镜（可调参数）：Ctrl+Alt+F。

选择工具（在"3D 变化"滤镜中）：V。

直接选择工具（在"3D 变化"滤镜中）：A。

立方体工具（在"3D 变化"滤镜中）：M。

球体工具（在"3D 变化"滤镜中）：N。

柱体工具（在"3D 变化"滤镜中）：C。

添加锚点工具（在"3D 变化"滤镜中）：＋。

减少锚点工具（在"3D 变化"滤镜中）：—。

轨迹球（在"3D 变化"滤镜中）：R。

全景相机工具（在"3D 变化"滤镜中）：E。

移动视图（在"3D 变化"滤镜中）：H。

缩放视图（在"3D 变化"滤镜中）：Z。

应用三维变形并退回到 Photoshop 主界面（在"3D 变化"滤镜中）：Enter。

放弃三维变形并退回到 Photoshop 主界面（在"3D 变化"滤镜中）：Esc。

9．视图操作快捷键

选择彩色通道：Ctrl+～。

选择单色通道：Ctrl+数字。

选择快速蒙版：Ctrl+\。

始终在视窗显示复合通道：～。

以 CMYK 方式预览（开关）：Ctrl+Y。

打开/关闭色域警告：Ctrl+Shift+Y。

放大视图：Ctrl+＋。

缩小视图：Ctrl+—。

满画布显示：Ctrl+0。

实际像素显示：Ctrl+Alt+0。

向上卷动一屏：PageUp。

向下卷动一屏：PageDown。

向左卷动一屏：Ctrl+PageUp。

向右卷动一屏：Ctrl+PageDown。

向上卷动 10 个单位：Shift+PageUp。

向下卷动 10 个单位：Shift+PageDown。

向左卷动 10 个单位：Shift+Ctrl+PageUp。

向右卷动 10 个单位：Shift+Ctrl+PageDown。

将视图移到左上角：Home。

将视图移到右下角：End。

显示/隐藏选择区域：Ctrl+H。

显示/隐藏路径：Ctrl+Shift+H。

显示/隐藏标尺：Ctrl+R。

捕捉：Ctrl+;。

锁定参考线：Ctrl+Alt+;。

显示/隐藏"颜色"面板：F6。

显示/隐藏"图层"面板：F7。

显示/隐藏"信息"面板：F8。

显示/隐藏"动作"面板：F9。

显示/隐藏所有命令面板：Tab。

显示或隐藏工具箱以外的所有调板：Shift+Tab。

10．文字处理（在字体编辑模式中）

显示/隐藏"字符"面板：Ctrl+T。

显示/隐藏"段落"面板：Ctrl+M。

左对齐或顶对齐：Ctrl+Shift+L。

中对齐：Ctrl+Shift+C。

右对齐或底对齐：Ctrl+Shift+R。

左/右选择 1 个字符：Shift+←/→。

下/上选择 1 行：Shift+↑/↓。

选择所有字符：Ctrl+A。

显示/隐藏字体选取底纹：Ctrl+H。

选择从插入点到鼠标点按点的字符：Shift+单击。

左/右移动 1 个字符：←/→。

下/上移动 1 行：↑/↓。

左/右移动 1 个字：Ctrl+←/→。

将所选文本的文字大小减小 2 像素：Ctrl+Shift+<。

将所选文本的文字大小增大 2 像素：Ctrl+Shift+>。

将所选文本的文字大小减小 10 像素：Ctrl+Alt+Shift+<。

将所选文本的文字大小增大 10 像素：Ctrl+Alt+Shift+>。

将行距减小 2 像素：Alt+↓。

将行距增大 2 像素：Alt+↑。

将基线位移减小 2 像素：Shift+Alt+↓。

将基线位移增加 2 像素：Shift+Alt+↑。

将字距微调或字距调整减小 20/1000ems：Alt+←。

将字距微调或字距调整增加 20/1000ems：Alt+→。

将字距微调或字距调整减小 100/1000ems：Ctrl+Alt+←。

将字距微调或字距调整增加 100/1000ems：Ctrl+Alt+→。

项目考核评价

按表 1-1 对学生学习效果进行评价。

表 1-1　评价表

项目	学习要求	评价标准				评分	互评	教师评价
		优秀	良好	合格	不合格			
1	认识 Photoshop CS3 操作界面							
2	新建、保存、打开等基本操作							

2

项目 2　LOGO 设计

LOGO是一个店铺的标志和形象，好的LOGO可以给消费者留下深刻印象，并可以让店铺在同类店铺中脱颖而出，也可以起到传播商铺产品信息的作用，可以极大地提高店铺的知名度。本节通过制作一个店铺的LOGO为例，介绍LOGO的设计方法和制作技巧。

学习目标

- 掌握LOGO的设计思路。
- 掌握LOGO的制作方法和技巧。
- 掌握选框工具组的使用方法和技巧。
- 掌握套索工具组的使用方法和技巧。
- 掌握魔棒工具组的使用方法和技巧。
- 掌握"选择"菜单命令的使用。

任务 *2.1* "生活邦" LOGO 设计

案例分析

有的店铺将自己的店名经过设计加工作为店铺的 LOGO，这可以让顾客加深对店铺名称的印象。本案例以"生活邦"为店名设计 LOGO，要求设计具有视觉冲击力。

设计理念

在设计制作过程中，选择天蓝色为 LOGO 的背景，可以给人宁静舒适的感觉；使用白色作为文字的颜色，字体的横和竖都较宽。

2.1.1 操作步骤

1）启动 photoshop CS3，选择"文件→新建"命令，弹出"新建"对话框，设置宽度为 160 像素（软件中亦用 px 表示像素），高度为 60 像素，背景为透明，如图 2-1-1 所示。

2）单击工具箱中的前景色图标，弹出"拾色器（前景色）"对话框，选择合适的颜色，或直接输入颜色值，如"#0da5a6"，如图 2-1-2 所示。

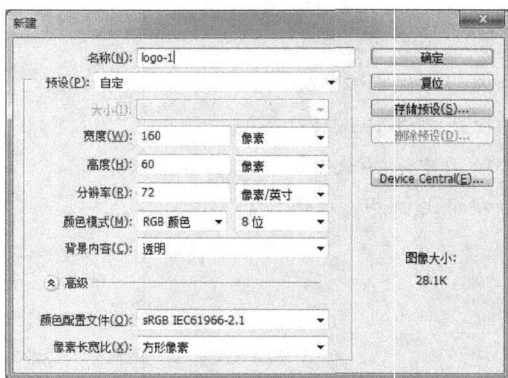

图 2-1-1

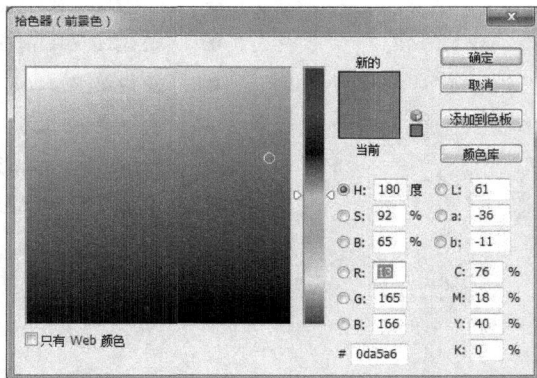

图 2-1-2

3）选择矩形选框工具 ，在属性栏中选择"添加到选区"选项 ，样式选择"固定大小"，宽度设置为 40px（像素），长度设置为 3px，如图 2-1-3 所示。

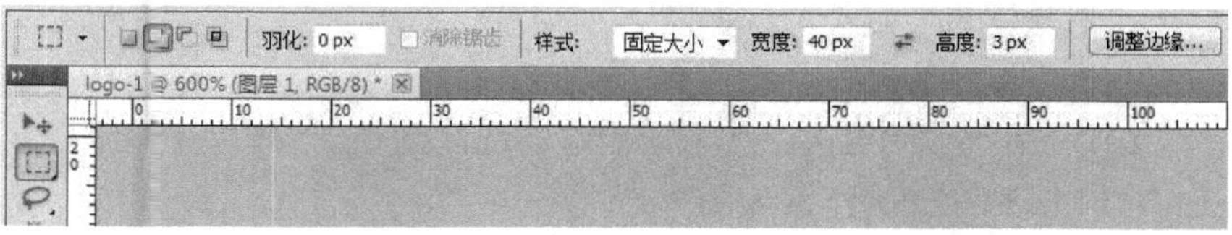

图 2-1-3

4）按 Ctrl+"＋"组合键，适当放大视图（如 400%），创建选区，并用油漆桶工具 填充，快捷键为 Alt+Del，填充效果如图 2-1-4 所示。

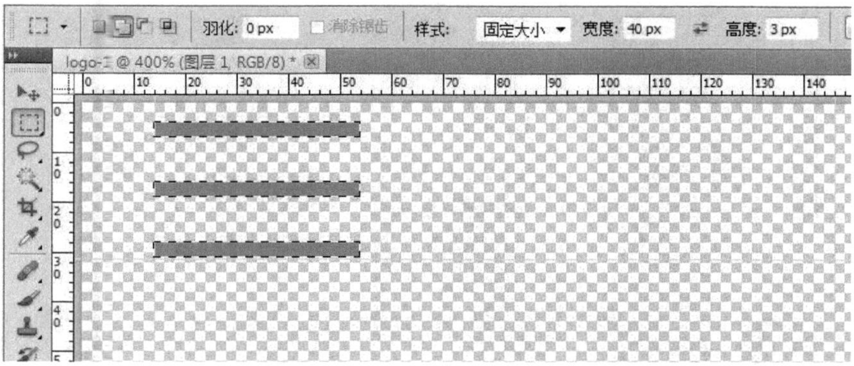

图 2-1-4

5）继续使用矩形选框工具 ，完成"生"字的另两笔，其中短竖的宽度和高度分别设置为 7px、14px，长竖的和高度分别设置为 6px、30px，这样"生"字的雏形就完成了，如图 2-1-5 所示。

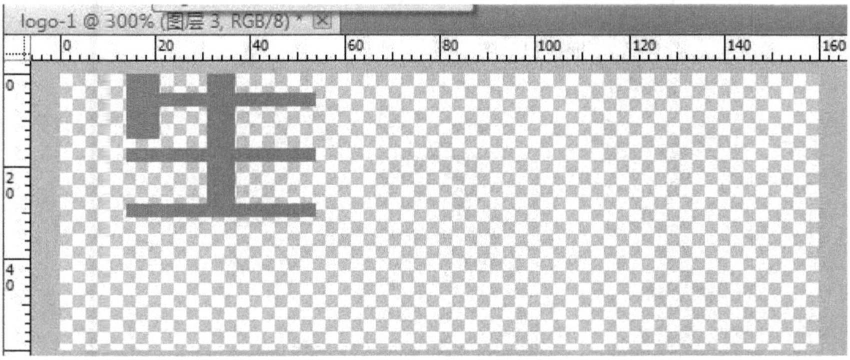

图 2-1-5

6）按照上面的方法，完成另外两个字"活"和"邦"，其中横的高度一般设置为 6px，竖的宽度设置为 7px，3 个字总体上占据 LOGO 的上半部分，如图 2-1-6 所示。

7）选择矩形选框工具 ，画出一个矩形选框，如图 2-1-7（a）所示，然后选择椭圆选框工具 ，并选择"从选区减去"选项 ，勾选"消除锯齿"复选框，如图 2-1-7（b）、（c）所示。按 Delete 键，即完成"生"字的制作，如图 2-1-8 所示。

8）利用刚才的选区，按方向键移动选区到相应位置，然后删除，完成"生活邦"的制作，如图 2-1-9 所示。

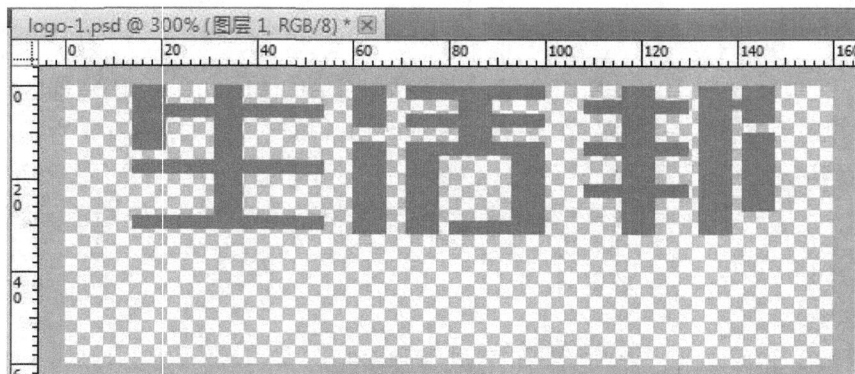

图 2-1-6

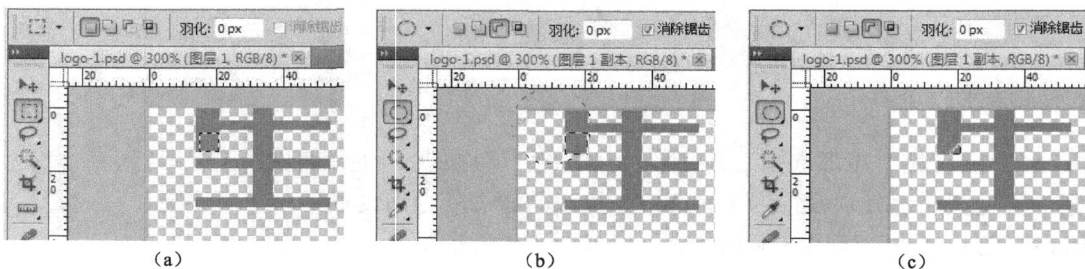

（a）　　　　　　　　　　（b）　　　　　　　　　　（c）

图 2-1-7

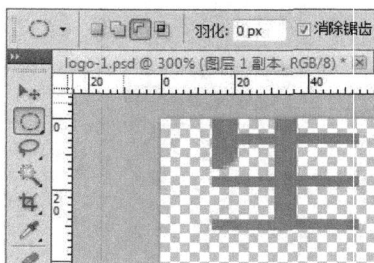

图 2-1-8　　　　　　　　　　　　　　　　图 2-1-9

9）新建图层，准备在该图层上放置水滴。选择椭圆选框工具，在属性栏中勾选"消除锯齿"复选框，设置为固定大小，长度、宽度均为 17px，作出圆形选区，如图 2-1-10（a）所示，然后选择矩形选框工具，并选择"添加到"选项，增加选区，如图 2-1-10（b）所示，然后选择椭圆选框工具，并选择"从选区减去"选项，减去选区，如

图 2-1-1C（c）所示，最后用矩形选框工具稍做调整，即完成水滴选区的制作，如图 2-1-10（d）所示。按 Alt+Delete 组合键用前景色填充，如图 2-1-11 所示。

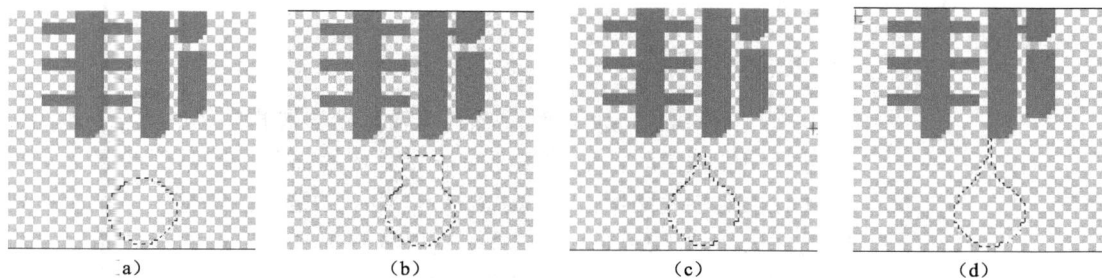

| a) | (b) | (c) | (d) |

图 2-1-10

图 2-1-11

10）新建图层，在该图层上制作水滴的高光效果。选择椭圆选框工具 ◯，画出椭圆选区，如图 2-1-12（a）所示，再选择"从选区减去"，如图 2-1-12（b）所示，填充为白色，如图 2-1-12（c）所示。

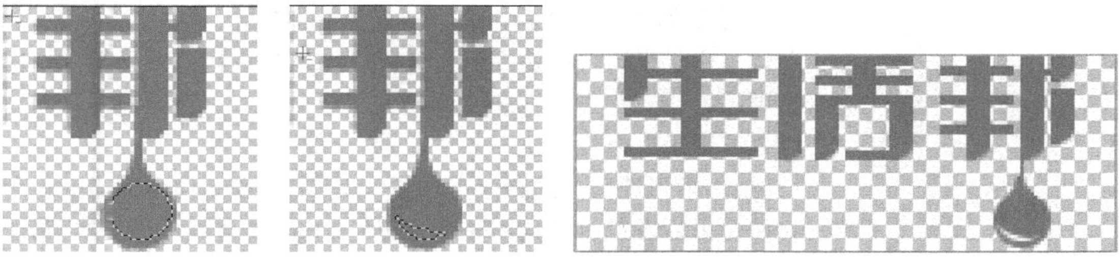

| (a) | (b) | (c) |

图 2-1-12

11）选择"文件→保存"命令，保存 PSD 文件，选择"文件→存储为"命令，在弹出的"存储为对话框"中选择文件类型为 JPEG，即可保存为网页中常用的图片格式。

2.1.2 相关工具

Photoshop CS3 不仅有强大的图像处理功能，还具有较完善的绘图功能。所有图形制作工具均集中在工具箱中，可以通过工具属性栏修改各工具的参数，以达到所需要的效果。这些工具是学习 Photoshop 的重点内容，包括移动工具、选框工具、绘画工具、色彩工具、文字工具等。

1．绘制选区

选区在 Photoshop 进行图像的编辑和处理过程中具有重要的作用。在进行图像编辑时，通常先要对图像特定的部分进行精确选取，才能有针对性地修改图像。Photoshop CS3 提供的选取工具分为两大类：规则选框工具和不规则选框工具。使用选框工具可以在图像或图层中绘制规则的选区，选取规则的图像。

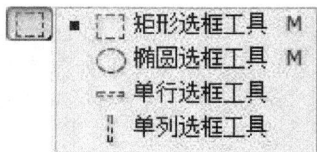

选框工具包括矩形选框工具、椭圆选框工具、单行选框工具、单列选框工具，系统默认为矩形选框工具，如图 2-1-13 所示，使用这些工具所创建的选区都为规则形状。

图 2-1-13

（1）矩形选框工具

选择矩形选框工具，或按 Shift+M 组合键，其属性栏如图 2-1-14 所示。

图 2-1-14

新选区：去除旧选区，绘制新选区。

添加到选区：在原有选区上增加新的选区。

从选区减去：在原有选区上减去新选区的部分。

在选区交叉：选择新、旧选区重叠的部分。

羽化：用于设定选区边界的羽化程度。消除锯齿：用于清除选区边缘的锯齿。

样式：用于选择类型。

1）绘制矩形选区：选择矩形选框工具，在图像中适当的位置单击并按住鼠标左键不放向右下方拖曳绘制选区，释放鼠标，矩形选区绘制完成，如图 2-1-15 所示。按住 Shift 键的同时，在图像中可以绘制出正方形选区，如图 2-1-16 所示。

2）设置矩形选区的比例：在矩形选框工具的属性栏中选择"样式"下拉列表中的"固定比例"选项，将"宽度"设置为 1，"高度"设置为 2，如图 2-1-17 所示。在图像中绘制固定比例的选区效果如图 2-1-18 所示。单击"高度和宽度互换"按钮可以快速地将宽度和高度比的数值互换，互换后绘制的选区效果如图 2-1-19 所示。

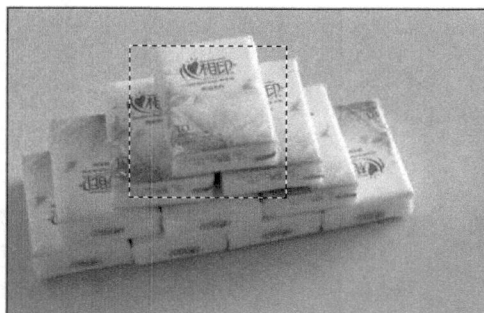

图 2-1-15   图 2-1-16

图 2-1-17

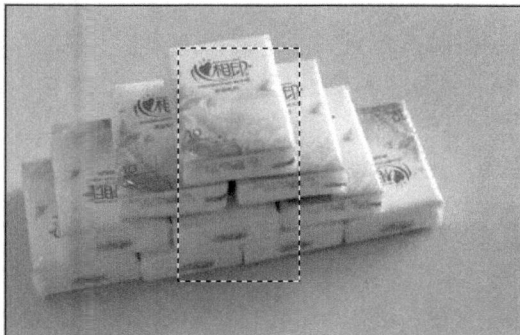

图 2-1-18   图 2-1-19

3）设置固定尺寸的矩形选区：在矩形选框工具的属性栏中，选择"样式"下拉列表中的"固定大小"选项，在"宽度"和"高度"文本框中输入数值，单位只能是像素，如图 2-1-20 所示。绘制固定大小的选区，效果如图 2-1-21 所示。单击"高度和宽度互换" ⇄，可以快速地将宽度和高度的数值互换，互换后绘制的选区效果如图 2-1-22所示。

（2）椭圆选框工具

选择椭圆选框工具 ◯，或者按 Shift+M 组合键，其属性栏如图 2-1-23 所示。

图 2-1-20

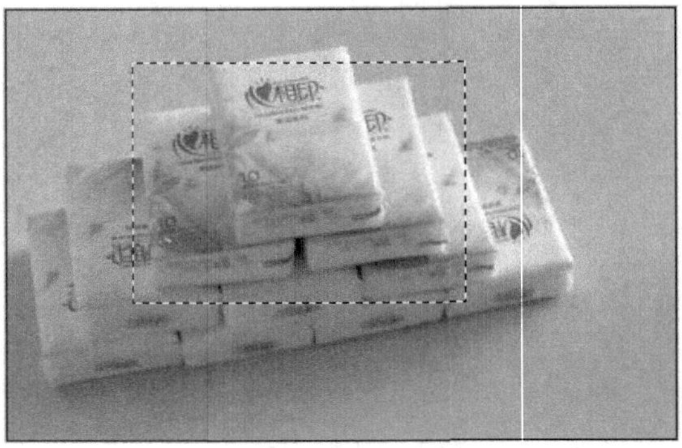

图 2-1-21

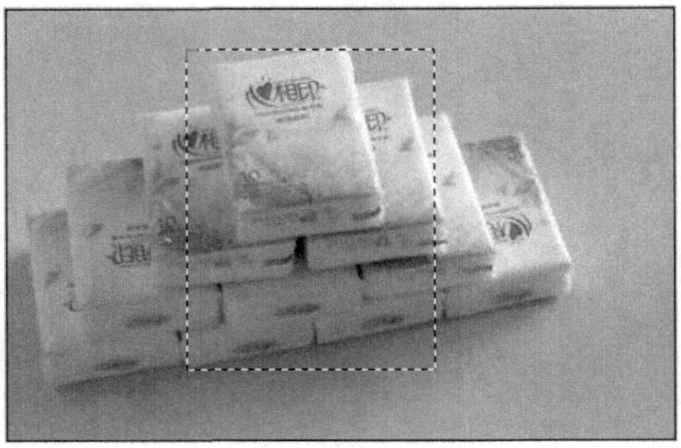

图 2-1-22

图 2-1-23

选择椭圆选框工具 ◯，在图像中适当的位置单击，按住鼠标左键拖动绘制出需要的选区，释放鼠标，椭圆选区绘制完成，如图 2-1-24 所示。

按住 Shift 键拖动，在图像中可以绘制出圆形选区，如图 2-1-25 所示。

图 2-1-24

图 2-1-25

椭圆工具属性栏上的选项与矩形选框工具大致相同，只是多了一个"消除锯齿"选项。这是因为 Photoshop 中的图像都是由像素组成的，实质上为一系列正方形的色块，所以当进行椭圆及不规则的选区选取时就会产生锯齿边缘。"消除锯齿"就是在锯齿之间填入中间色调，从视觉上消除锯齿现象，如图 2-1-26 为勾选"消除锯齿"，复选框的效果图 2-1-27 为未勾选"消除锯齿"复选框的效果。

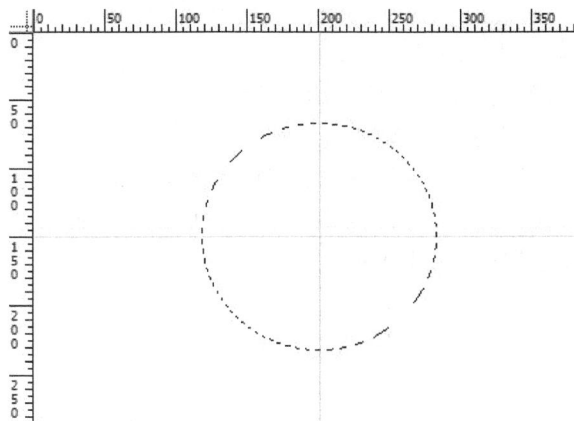

图 2-1-26   图 2-1-27

　　米奇选区的制作：在图 2-1-28 中以参考线交点，按住 Shift+Alt 键拖动鼠标，画出以参考线交点为圆心的正圆，再增加一条参考线，选择方式为"添加到选区"选项，并分别以参考线与圆的两个交叉点为圆心，设置如图 2-1-29 所示，按住 Shift+Alt 键拖动鼠标，绘制出"米奇"形状，效果如图 2-1-30 所示。

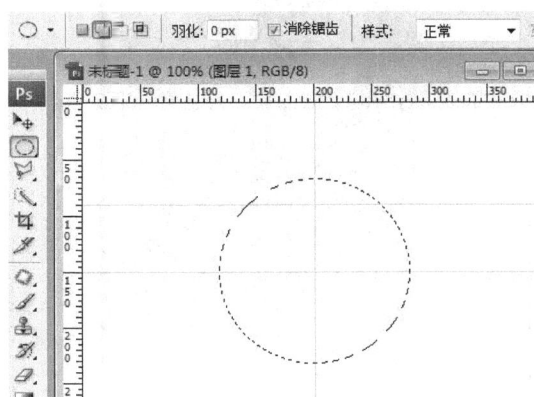

图 2-1-28

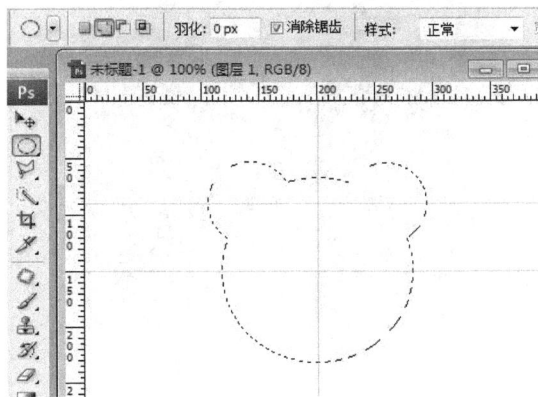

图 2-1-29   图 2-1-30

（3）单行选框工具▱/单列选框工具▯

这两个工具的作用是在图层上创建一个 1 像素高/宽的选框。

2．套索工具组

套索工具组也是一组常用的选取工具，与选框工具组不同，套索工具组的工具用来制作不规则的选区。它包含 3 个工具：套索工具、多边形套索工具和磁性套索工具，如图 2-1-31 所示。

（1）套索工具▱

套索工具可以用来选取不规则形状的图像。选择套索工具▱，或者按 Shift+L 组合键，其属性栏如图 2-1-32 所示。

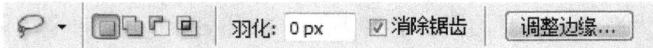

图 2-1-31　　　　　　　　　　　　　　　　　图 2-1-32

▱▱▱▱：选择方式选项。

羽化：用于设定选区边缘的羽化程度。

消除锯齿：用于清除选区边缘的锯齿。

选择套索工具▱，在图像中适当的位置单击，按住鼠标左键拖动，绘制出需要的选区，如图 2-1-33 所示，释放鼠标左键，选择区域会自动封闭，效果如图 2-1-34 所示。

图 2-1-33　　　　　　　　　　　　　　　　　图 2-1-34

（2）多边形套索工具 📧

多边形套索工具可以用来选取不规则的多边形图像。选择多边形套索工具 📧，或者按 Shift+L 组合键，其属性栏中的内容与套索工具属性栏相同。

选择多边形套索工具 📧，在图像中单击设置所选区域的起点，接着单击以设置所选区域的其他点，效果如图 2-1-35 所示。将鼠标指针移到起点，多边形套索工具光标显示为 💱 形状，如图 2-1-36 所示，单击即可封闭选区，效果如图 2-1-37 所示。

图 2-1-35

图 2-1-36

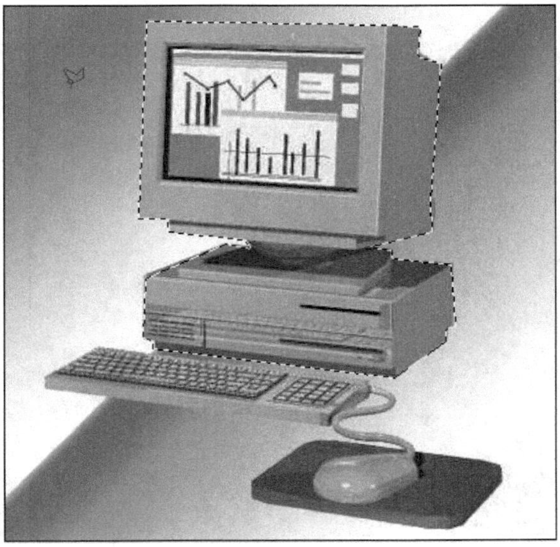

图 2-1-37

（3）磁性套索工具

磁性套索工具是一种具有可识别边缘颜色的套索工具，可以用来选取不规则的且与背景反差大的图像。选择磁性套索工具，或按 Shift+M 组合键，其属性栏如图 2-1-38 所示。

| 羽化: 0 px | ☑消除锯齿 | 宽度: 10 px | 对比度: 10% | 频率: 57 | | 调整边缘... |

图 2-1-38

：选择方式选项。

羽化：用于设定选区边缘的羽化程度。

消除锯齿：用于清除选区边缘的锯齿。

宽度：选区用于设定套索检测范围，磁性套索工具将在这个范围内选取反差最大的边缘。

对比度：用于设定选取边缘的灵敏度，数值越大，要求边缘与背景的反差越大。

频率：用于设定选取点的速率，数值越大，标记速率越快，标记点越多。

"使用绘图板压力以更改钢笔宽度"按钮：用于设定专用绘图板的笔刷压力。

选择磁性套索工具，在图像中适当的位置单击，按住鼠标左键，根据选取图像的形状拖曳鼠标，选取图像的磁性轨迹会紧贴图像的内容，效果如图 2-1-39 所示；当鼠标指针移到起点，磁性套索工具光标显示为 形状，如图 2-1-40 所示，单击即可封闭选区，效果如图 2-1-41 所示。

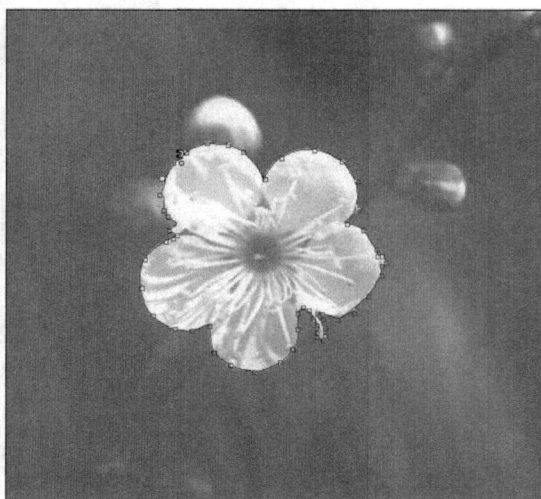

图 2-1-39   图 2-1-40

图 2-1-41

2.1.3 实战演练

1）使用矩形选框工具、椭圆选框工具绘制选区，如图 2-1-42 所示。
2）使用矩形选框工具、椭圆选框工具绘制选区，如图 2-1-43 所示。
3）使用套索工具，将图 2-1-44 中的花朵从背景中抠出。

图 2-1-42　　　　　　图 2-1-43 　　　　　　图 2-1-44

任务 2.2 "文具之家" LOGO 制作

案例分析

　　本案例以"时尚文具之家"为例，制作时尚温馨的店铺 LOGO，通过钢笔工具绘制形状，和不同大小颜色的文字相结合，来突出店铺的名称和屋顶形状，体现时尚温馨的风格。

设计理念

在设计制作过程中，选择粉色调作为 LOGO 的主色调，给人以温馨的感觉；使用钢笔工具绘制的屋顶在文字上包涵"之家"，给人以温馨的心理暗示，并且造型时尚，线条简洁；将"时尚"与"文具之家"分别采用竖排、横排的不同版式，使 LOGO 显得更加"紧凑"，"时尚"加小背景矩形得以突出；综上几点设计使整个 LOGO 给人以色彩温馨、造型时尚，店名突出，起到品牌推广的作用。

2.2.1 操作步骤

1）启动 Photoshop 程序，选择"文件→新建"命令，弹出"新建"对话框，设置宽 160 像素，高 60 像素，背景为白色，如图 2-2-1 所示。

2）单击前景色图标，弹出"拾色器（前景色）"对话框，选择合适的颜色，或直接输入颜色值，如"#ffb3b5"，如图 2-2-2 所示。

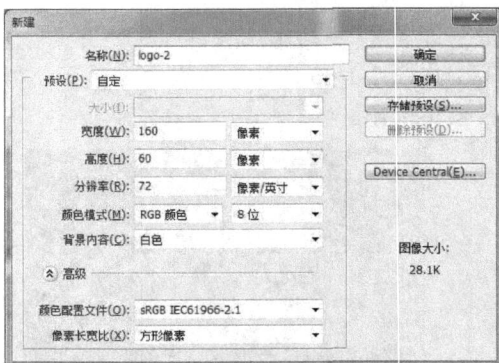

图 2-2-1   图 2-2-2

3）选择油漆桶工具，或者按 Alt+Del 组合键，用前景色填充背景图层，如图 2-2-3 所示。

图 2-2-3

4）选择钢笔工具，画出屋顶形状的路径，如图 2-2-4 所示。

5）单击"切换前景色和背景色"，或者按快捷键 X，将前景色设置为白色；在"图层"面板中，新建图层；打开"路径"面板，单击面板底部的"用前景色填充路径"按钮，效果如图 2-2-5 所示。

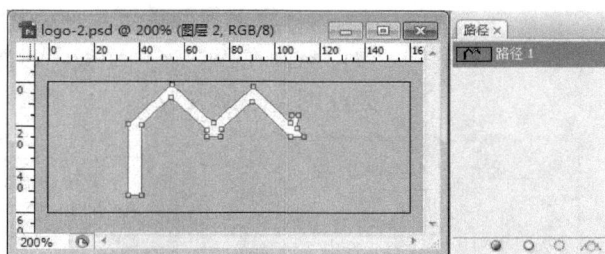

图 2-2-4　　　　　　　　　　　　　图 2-2-5

6）单击前景色图标，弹出"拾色器（前景色）"对话框，设置前景色为"#ff7000"；选择画笔工具 ，选择笔触大小为 2px；在"路径"面板中选中路径，单击"路径"面板底部的"用画笔描边路径"按钮 ，效果如图 2-2-6 所示。

7）选择矩形工具 ，在属性栏中选择"形状图层"选项 ，在矩形选项中选择"固定大小"，并设置宽为 17px，设置高为 28px，在合适位置单击，效果如图 2-2-7 所示。

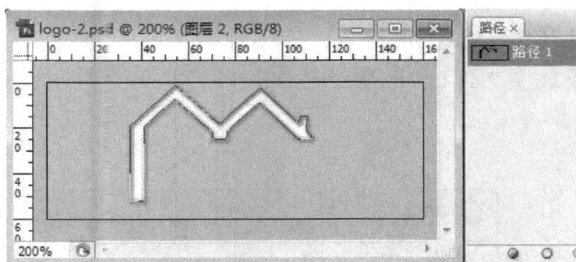
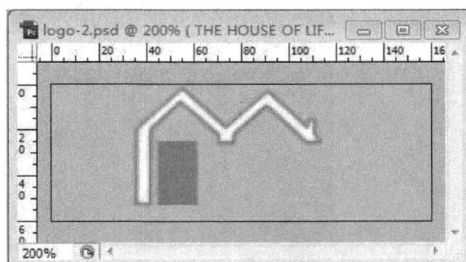

图 2-2-6　　　　　　　　　　　　　图 2-2-7

8）选择文字工具 ，设置字体为"华文行楷"，字体大小为 14点，输入"文具之家"，效果如图 2-2-8 所示。

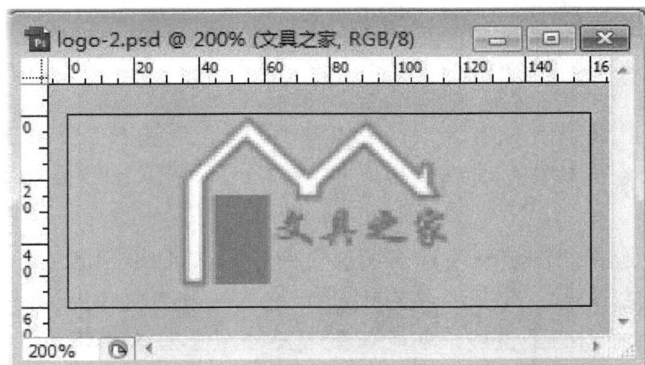

图 2-2-8

9）将前景色设置为白色，字体为隶书，字体大小为 14 点，输入"时尚"，在"字符"面板中设置行间距为 12 点，如图 2-2-9 所示，效果如图 2-2-10 所示。

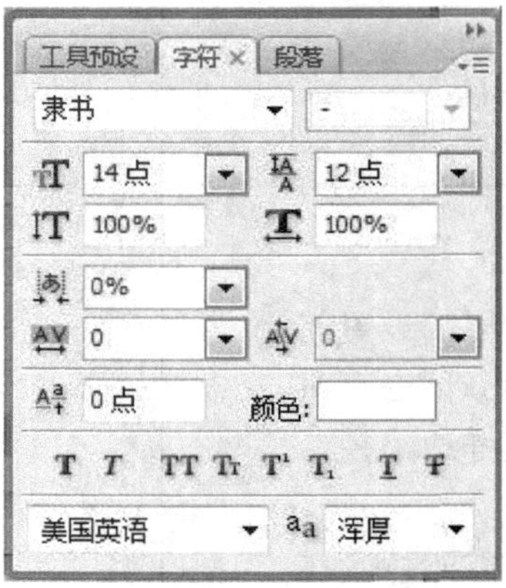

图 2-2-9

图 2-2-10

10）将前景色设置为白色，字体为"Arial"，字体大小为 6 点，输入"THE HOUSE OF LIFE"，在"字符"面板中设置字间距为−50，如图 2-2-11 所示，效果如图 2-2-12 所示。

图 2-2-11

图 2-2-12

11）设置字体为"宋体"，字体大小为 6 点，输入"公元 2014 年"，在"字符"面板中选择仿粗体，如图 2-2-13 所示，效果如图 2-2-14 所示。

12）选择"图层→新建→图层"命令或按 Ctrl+Shift+N 组合键，新建一空白图层，选择画笔工具 ，选择笔触"尖角 1 像素"，按住 Shift 键，画出两条直线，实际像素效果如图 2-2-15 所示。

13）按 Ctrl+S 组合键，保存 PSD 文件，按 Ctrl+Shift+S 组合键，在弹出的"存储为"对话框中，选择文件类型为 JPEG，即可保存为网页中常用的图片格式。

图 2-2-13

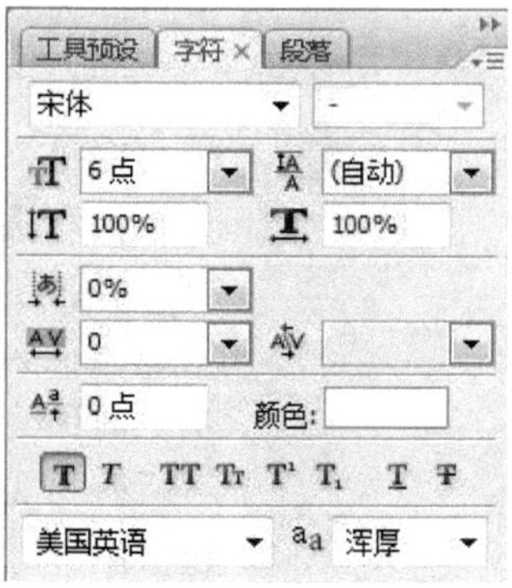

图 2-2-14

图 2-2-15

2.2.2 相关工具

1. 魔棒工具组

使用魔棒工具组中的工具可以选择图像中颜色相近的区域，而不用跟踪其轮廓。

（1）快速选择工具

这是一种基于色彩差别且用画笔智能查找主体边缘的快捷选取方式。

快速选择工具的属性栏如图 2-2-16 所示。

图 2-2-16

：没有选区时，默认的选择方式是"新选区"；选区建立后，自动改为添加到选区；如果按住 Alt 键，选择方式变为"从选区减去"。

"画笔"：初选离边缘较远的较大区域时，画笔尺寸可以大些，以提高选取的效率；但对于小块的主体或修正边缘时则要换成小尺寸的画笔。总的来说，大画笔选择快，但选择粗糙，容易多选；小画笔一次只能选择一小块主体，选择慢，但得到的边缘精度高。

在建立选区后，按"]"键可增大快速选择工具画笔的大小；按"["键可减小画笔大小。

自动增强：勾选此项后，可减少选区边界的粗糙度和块效应。即"自动增强"使选区向主体边缘进一步流动并做一些边缘调整。一般应勾选该项。

对所有图层取样：当图像中含有多个图层时，选中该复选框，将对所有可见图层的图像起作用；没有选中时，魔棒工具只对当前图层起作用。

（2）魔棒工具

在选区的操作中，魔棒工具也常用于建立和修改选区。选择魔棒工具，或者按 Shift+W 组合键，其属性栏如图 2-2-17 所示。

图 2-2-17

选择方式选项。

容差：用控制色彩的范围，数值越大，可允许的颜色范围越大，其范围为 0～255。

消除锯齿：用于清除选区边缘的锯齿。

连续：用于选择单独的色彩范围，勾选该复选框，表示选择与单击处相连续的图像区域；取消该复选框，表示能够选中整幅图像范围内颜色容差符合要求的所有区域，系统默认为勾选该项。

对所有图层取样：用于将所有可见层中颜色容许范围内的色彩加入选区。

选择魔棒工具，在图像中需要选择的颜色区域单击，即可得到需要的选区，如图 2-2-18 所示。调整属性栏中的"容差"值，再次单击需要选择的区域，不同容差的选区效果如图 2-2-19 所示。

图 2-2-18

图 2-2-19

2．"选择"菜单

"选择"菜单中提供了多种用于控制选区的命令，使用这些命令可以创建和编辑选区，如图 2-2-20 所示。

（1）羽化选区

在图像中绘制不规则选区，如图 2-2-21 所示。选择"选择→修改→羽化"命令，弹出"羽化选区"对话框，在其中设置"羽化半径"的数值，如图 2-2-22 所示。单击"确定"按钮，选区被羽化。将选区反选，效果如图 2-2-23 所示，在选区中填充颜色后的效果如图 2-2-24 所示。

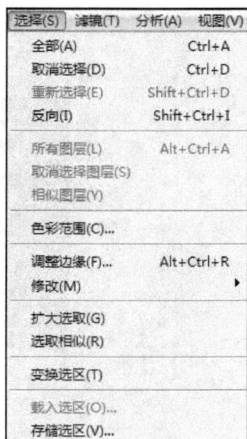

图 2-2-20

图 2-2-21

图 2-2-22

图 2-2-23

图 2-2-24

还可以在绘制选区前，在所使用工具的属性栏中直接输入"羽化"值，如图 2-2-25 所示，此时绘制的选区自动变成为带有羽化边缘效果。

图 2-2-25

（2）扩展选区

在图像中绘制不规则选区，如图 2-2-26 所示。选择"选择→修改→扩展"命令，弹出"扩展选区"对话框，在其中设置"扩展量"的数值，如图 2-2-27 所示，单击"确定"按钮，选区被扩展，效果如图 2-2-28 所示。

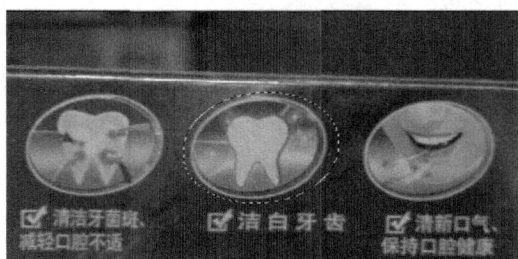

图 2-2-26

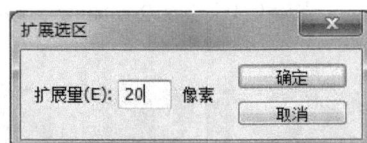

图 2-2-27

图 2-2-28

（3）全选和反选选区

1）全选。选择"选择→全选"命令（或按 Ctrl+A 组合键），即将图像全部选取，效果如图 2-2-29 所示。

2）反选。选择"选择→反向"命令（或按 Shift+Ctrl+I 组合键），可以对当前的选区进行反向选取，效果如图 2-2-30 和图 2-2-31 所示。

图 2-2-29

图 2-2-30

图 2-2-31

2.2.3 实战演练

根据素材，使用椭圆选框工具和矩形选框工具绘制选区，使用"羽化"命令制作柔和的图像效果，使用"反选"命令制作选区反选效果，使用"变换"命令调整选区的大小，完成效果如图 2-2-32 所示。

图 2-2-32

任务 2.3 综合演练

1. "同桌的你" LOGO 设计

使用椭圆选框工具和矩形选框工具绘制选区，使用"羽化"命令制作柔和的图像效果，使用油漆桶工具填充选区，使用文字工具添加文字（最终效果参见"Ch2/效果/同桌的你"，如图 2-3-1 所示）。

图 2-3-1

2．"好助手办公用品"LOGO 设计

使用文字工具添加文字，用选框工具绘制选区，使用选择菜单命令修改选区（最终效果参见"Ch2/效果/同桌的你"，如图 2-3-2 所示）。

图 2-3-2

项目考核评价

按表 2-1 对学生学习效果进行评价。

表 2-1　评价表

项目	学习要求	评价标准				评分	互评	教师评价
		优秀	良好	合格	不合格			
1	掌握 LOGO 的设计思路							
2	掌握 LOGO 的制作方法和技巧							
3	掌握选框工具组的使用方法和技巧							
4	掌握套索工具组的使用方法和技巧							
5	掌握魔棒工具组的使用方法和技巧							
6	掌握"选择"菜单下相关命令的使用							

3

项目 3　店 招 设 计

　　店招是一个店铺的招牌，从品牌推广的角度来看，一个好的店招不但是店铺的标志，更能起到网络广告的作用。店招一般包含店铺的LOGO、主营介绍、信誉状况及服务项目。本节通过制作两个店铺的店招为例，介绍店招的设计方法和制作技巧。

学习目标

- 掌握店招的设计思路。
- 掌握店招的制作方法和技巧。
- 掌握图层的新建、复制和删除的方法。
- 掌握图层链接与合并、分布和对齐的操作方法。
- 掌握变换画布的操作方法。
- 掌握变换图像（旋转、斜切、扭曲）的操作方法。

任务 *3.1* "生活邦"店招设计

案例分析

本案例以"生活邦"文具店为例，制作简洁时尚风格的店招，在店招中突出店铺 LOGO "生活邦"，使其占据较大面积，使用具有视觉冲击力的文本给人留下深刻印象从而起到品牌推广的作用。

设计理念

在设计制作过程中，选择与 LOGO 背景一致的天蓝色为主色调，给人宁静舒适的感觉，白色变形字"生活邦"突出店铺 LOGO，又以对比度很大的黄色圆角矩形作为主营介绍的背景按钮，突出主体，使整个店招效果显得宁静又不缺乏活泼；以文字为主又显得过于简单，所以在背景上以大圆角矩形辅以下凹圆角，使整个店招不失单调。

3.1.1 操作步骤

1）新建文件。启动 photoshop 程序，选择"文件→新建"命令，弹出"新建"对话框，设置宽度为 950 像素，高度为 150 像素，背景为透明，如图 3-1-1 所示。

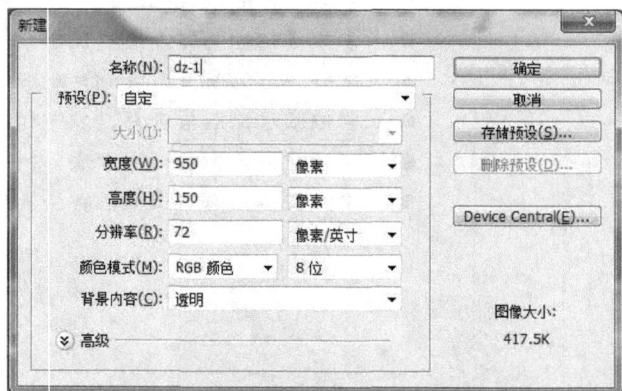

图 3-1-1

2）新建白色背景层。单击前景色图标，弹出"拾色器（前景色）"对话框，将前景色设置为白色，即"#FFFFFF"，选择圆角矩形工具，在属性栏中选择"形状图层"选项 🔲 ，半径 15px，在"圆角矩形选项"中选择"固定大小"选项，并设定宽 940px、高 140px，设定后在图像中单击，效果如图 3-1-2 所示。

图 3-1-2

3）制作绿色背景层。在"形状 1"上右击,在弹出的快捷菜单中选择"复制图层"命令,弹出"复制图层"对话框,如图 3-1-3 所示。在"图层"面板中双击"形状 1 副本"图层缩略图,弹出拾色器窗口,设定颜色为"#Cda5a6",单击"确定"按钮,效果如图 3-1-4 所示。

图 3-1-3

图 3-1-4

4）添加锚点修改形状。选择路径选择工具 ，单击圆角矩形图层,路径被选中并出现锚点,选择钢笔工具组中的添加锚点工具 ，在圆角矩形路径上添加锚点,效果如图 3-1-5 所示。

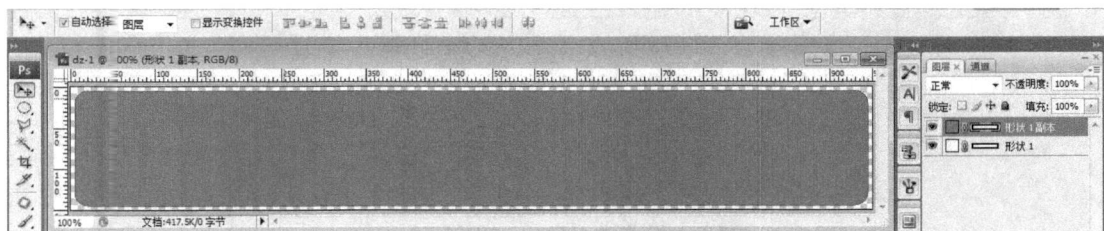

图 3-1-5

5）调整路径。选中锚点并移动锚点,效果如图 3-1-6 所示。单击锚点,拖动角线,调整路径的形状,如图 3-1-7 所示。

图 3-1-6

图 3-1-7

6）为背景层添加图层样式。单击"图层"面板底部的"添加图层样式"按钮 ，选择"内阴影"，在弹出的"图层样式"对话框中设置角度为 90°，透明度为 50%，大小为 8px，如图 3-1-8 所示，单击"确定"按钮，效果如图 3-1-9 所示。

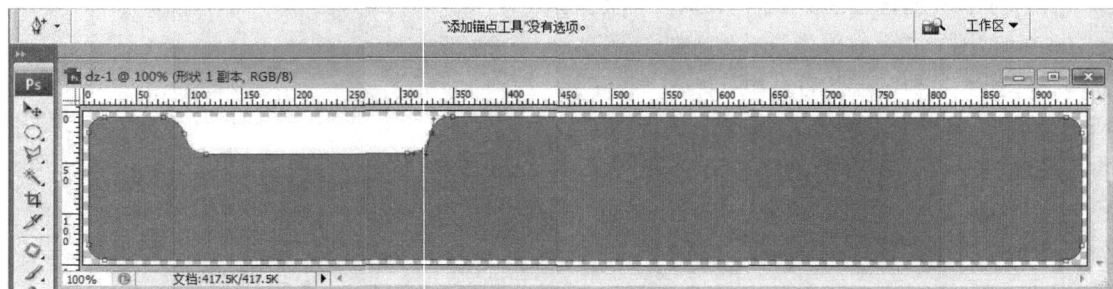

图 3-1-8

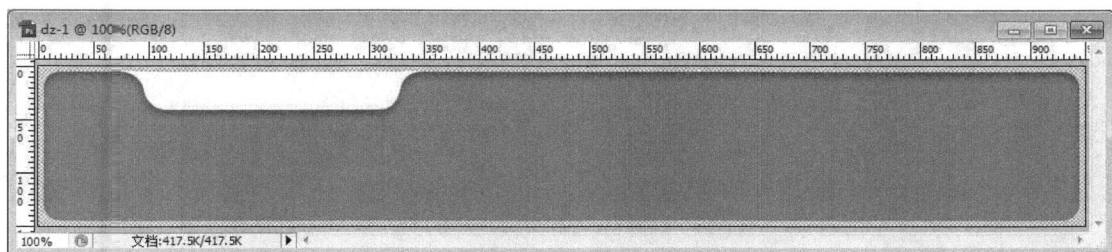

图 3-1-9

7）完成"生"字的雏形。选择矩形工具 ▭，在属性栏中选择"形状图层"选项 ▭，在属性栏中选择"固定大小"选项，并设定宽为 72px、高为 6px。选择"添加到形状区域"选项 ▭，参数设置如图 3-1-10 所示，设定后在文件中单击，完成三横后，调整参数，完成"生"字的雏形，效果如图 3-1-11 所示。

图 3-1-10

图 3-1-11

8）完成圆角。仿照 4），完成"生"字撇的制作。首先用路径选择工具选中矩形，如图 3-1-12（a）所示；利用钢笔工具添加两个锚点并删除直角部位的锚点，如图 3-1-12（b）所示，再调整角线，如图 3-1-12（c）所示，最后"生字"效果如图 3-1-12（d）所示。

（a）　　　　　（b）　　　　　（c）　　　　　（d）

图 3-1-12

9）仿照 7）、8）完成"活"、"邦"，效果如图 3-1-13 所示。

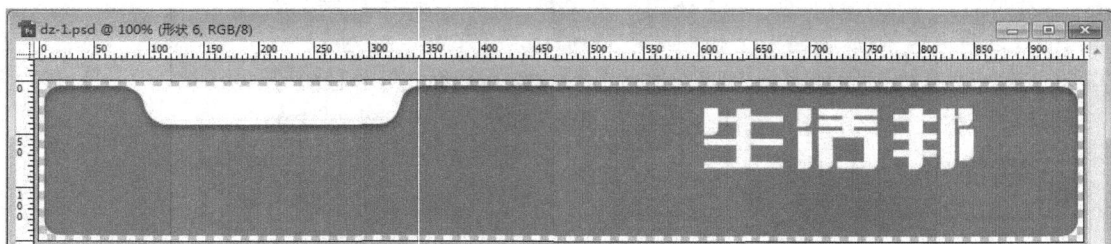

图 3-1-13

10）画水滴形状。选择椭圆工具[○]，按住 Shift 键，在"邦"字下面画一正圆，如图 3-1-14（a）所示，选择路径选择工具[▶]，单击圆形图层，路径被选中并出现锚点，选择钢笔工具组中的添加锚点工具[♗]，在圆角矩形路径上添加锚点，效果如图 3-1-14（b）所示，选中锚点并移动锚点，如图 3-1-14（c）所示。单击锚点，拖动角线，调整路径的形状，如图 3-1-14（d）所示。

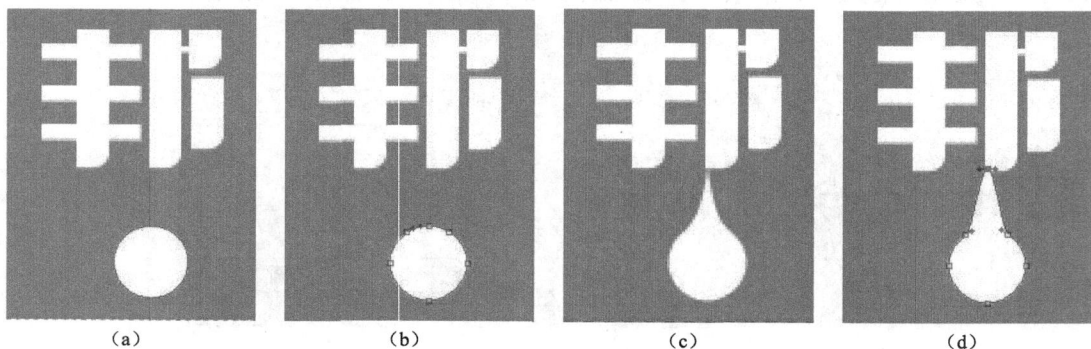

（a）　　　　　（b）　　　　　（c）　　　　　（d）

图 3-1-14

11）制作文字背景。选择圆角矩形工具[▢]，在属性栏中选择"形状图层"选项[▢]，在属性栏中选择"固定大小"选项，并设定宽为 80px、高为 35px，半径为 12px，设置颜色为"#fedc09"，参数设置如图 3-1-15 所示；在合适的位置单击，效果如图 3-1-16 所示。

图 3-1-15

图 3-1-16

12）为文字背景层添加图层样式。选择"形状 2"图层，单击"图层"面板底部的"添加图层样式"按钮 *fx*，在下拉菜单中选择"描边"，在弹出的"图层样式"对话框中，设置大小为 1 像素，位置为"内部"，颜色为"#be8d0c"，参数设置如图 3-1-17 所示；勾选"渐变叠加"复选框，设置线性渐变从"#ffdd0a"到"#febc06"，参数设置如图 3-1-18 所示；单击"确定"按钮，效果如图 3-1-19 所示。

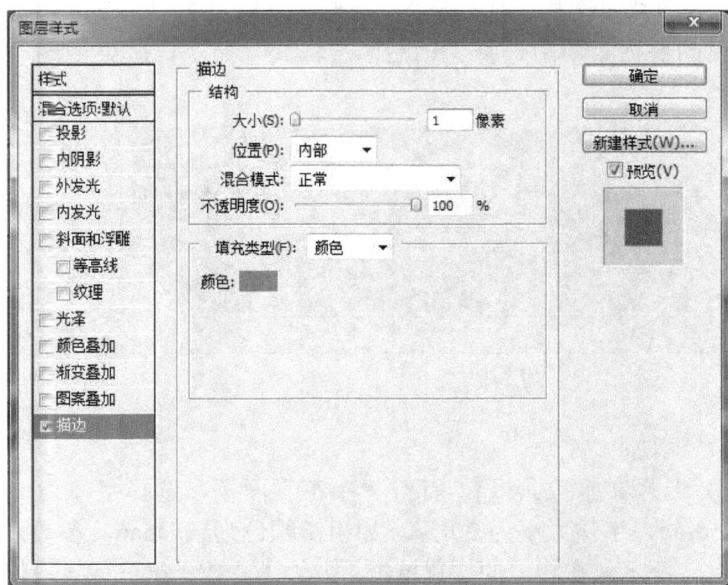

图 3-1-17

图 3-1-18

图 3-1-19

13）复制图层样式。在"形状 2"图层上右击，在弹出的快捷菜单中选择"拷贝图层样式"命令，分别在"形状 3""形状 4"上右击，在弹出的快捷菜单中选择"粘贴图层样式"命令，效果如图 3-1-20 所示。

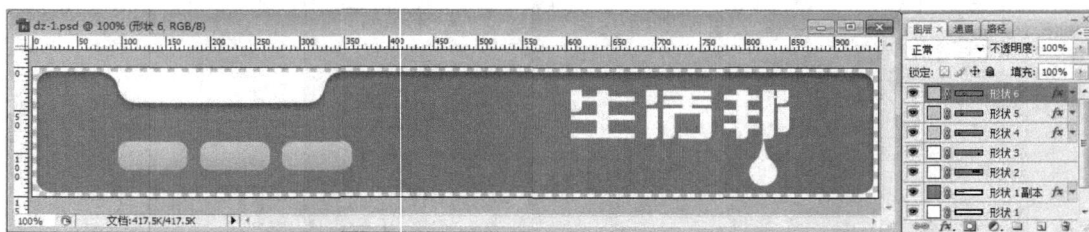

图 3-1-20

14）添加文字。

① 选择文本工具 T，打开"字符"面板，选择字体为 Arabic Typesetting，字体大小为 30 点，加粗，颜色为#0da5a6，参数设置如图 3-1-21 所示。在相应的位置单击，并输入"Welcome to my shop"，输入完成后按 Alt+Enter 组合键。

② 在相应位置单击,在"字符"面板中选择字体为"黑体",字体大小为 36 点,加粗,颜色为#FFFFFF,参数设置如图 3-1-22 所示。输入"官方旗舰店",输入完成后按 Alt+Enter 组合键。

图 3-1-21   图 3-1-22

③ 在相应位置单击,在"字符"面板中选择字体为"黑体",字体大小为 16 点,加粗,颜色为#FFFFFF,参数设置如图 3-1-23 所示。输入"汇你所需 聚你所爱 网邦天下 一切尽在生活邦"。按 Alt+Enter 组合键后,继续输入"文具专区"、"旅游专区"、"家饰专区",并对三组文字添加样式,参数设置如图 3-1-24 所示,完成效果如图 3-1-25 所示。

图 3-1-23

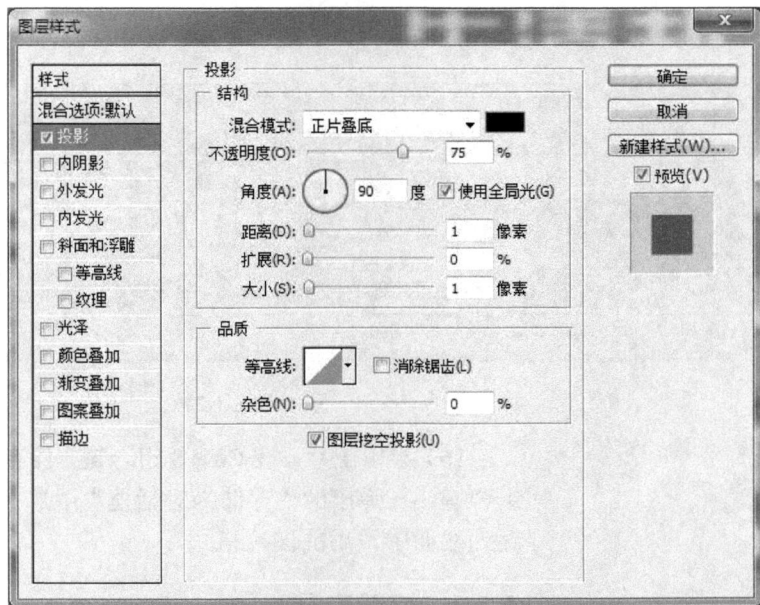

图 3-1-24

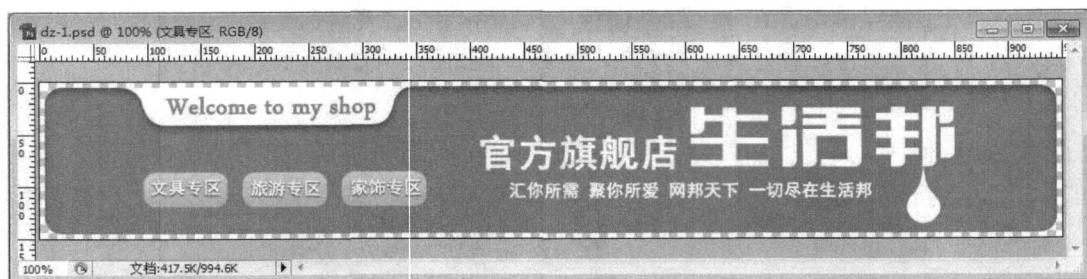

图 3-1-25

15）添加铅笔图片。在 Photoshop 中打开"铅笔.psd"文件，在铅笔图层上右击，选择"复制图层"，在弹出的"复制图层"对话框中，选择目标文档为"dz-1.psd"，如图 3-1-26 所示，单击确定，铅笔图层即复制到文件中，并调整位置；或者直接将铅笔图层拖到"dz-1.psd"中，也可实现图层的复制。最终效果如图 3-1-27 所示。

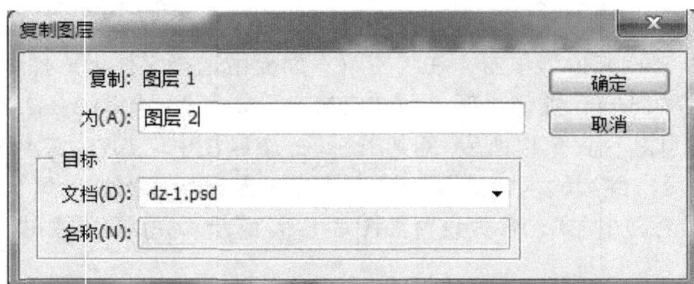

图 3-1-26

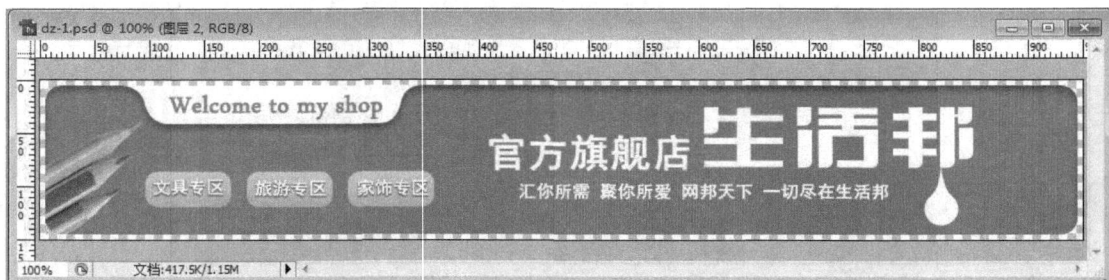

图 3-1-27

16）导出图片。按 Ctrl+S 组合键，保存 PSD 文件；按 Ctrl+Shift+S 组合键，在弹出的"存储为对话框"中选择文件类型为 JPEG，即可保存为网面中常用的图片格式。

3.1.2　相关工具

图层是 Photoshop 中图片文件的基本构成部分，是指构成图像的一个一个的层或者页面。每个图层包含一幅图像的不同部分，利用图层可以在不影响图像中其他部分的情况下处理某一部分图像。同时通过修改图层之间的顺序、混合模式以及透明度参数设置，使图像构成了千变万化的效果。在 Photoshop 的图像文件中，把图像中的每个部分开放在不同的图层上，图层就是这个图像文件的基本组成单位，也是图像文件中各部分图像的管理器。图层之间相互紧密联系，共同构成了图像；图层之间又相互独立，可以在不影响其他图层内容的情况下，独立处理某一个图层的图像。本节工具主要介绍了图层面板的使用操作和使用技巧。

1.‘图层”面板介绍

打开“图层”面板：选择“窗口→图层”命令（或按 F7 键），即可打开“图层”面板。

“图层”面板中列出了图像中的所有图层、图层组和图层效果。可以显示和隐藏图层、创建新图层以及处理图层组，还可以执行图层相关的其他命令和选项，如图 3-1-28 所示。

“图层混合模式”下拉列表 正常 ▼ ：用于设计图层的混合模式，它包含 20 多种图层混合模式。

不透明度：用于设定图层的不透明度。

填充：用于设定图层的填充百分比。

👁：用于打开或隐藏图层中的内容。

🔗：表示图层与图层之间的链接关系。

T：表示此图层为可编辑的文字图层。

fx：图层样式效果图标。

在“图层”面板的上方有 4 个锁定图标，如图 3-1-29 所示。

图 3-1-28

锁定透明像素⊠：用于锁定当前图层中的透明区域，使透明像素不能被编辑。

锁定图像像素🖉：使当前图层和透明像素不能被编辑。

锁定位置✛：使当前图层不能被移动。

锁定全部🔒：使当前图层或序列完全被锁定。

在“图层”控制面板的下方有 7 个按钮，如图 3-1-30 所示。

图 3-1-29   图 3-1-30

链接图层 🔗：使所选图层和当前图层成为一组，当对一个链接图层进行操作时，将影响一组链接图层。

添加图层样式 fx. ：为当前图层添加图层样式效果。

添加图层蒙版 🔲：在当前图层上创建一个蒙版。在图层蒙版中，黑色代表隐藏图像，白色代表显示图像。可以使用画笔等绘图工具对蒙版进行绘制，还可以将蒙版转换成选区。

创建新的填充或调整图层 ⊘.：对图层进行颜色填充和效果调整。

创建新组 ▭：用于新建一个新文件夹，可在其中放入图层。

创建新图层 ▣：用于在当前图层的上方创建一个新图层。

删除图层 🗑：将不需要的图层拖曳到此按钮上删除。

2．图层的认识

1）在"图层"面板中会显示图像中包含的图层。每个图层名称左侧都有一个缩览图，可以预览图层的内容。每个图层都有一个名称，双击图层名，可以进行对图层的重命名。

2）高亮显示的图层表示为当前活动图层，可以直接编辑。

3．图层的新建、复制和删除

（1）图层的新建

新建图层可以手动操作，也可以自动完成。凡是新移动、复制、剪切到图像上的部分都会被放到一个新的图层上，自动完成新建和粘贴两个命令。

- 单击"图层"控制面板右上方的 ≡ 按钮，在弹出的下拉菜单中选择"新建图层"命令，弹出"新建图层"对话框，如图 3-1-31 所示。名称：用于设定新图层的名称，可以选择使用前一图层创建剪贴蒙版。颜色：用于设定新图层的颜色。模式：用于设定当前图层的混合模式。不透明度：用于设定当前图层的不透明度。
- 单击"图层"面板底部的"创建新图层"按钮 ▣ 可以创建一个新图层，但是这个图层上是没有任何内容的，是以透明方式显示的。在按住 Alt 键的同时，单击"创建新图层"按钮 ▣，弹出"新建图层"对话框。
- 选择"图层→新建图层"命令，弹出"新建图层"对话框。按 Shift+Ctrl+N 组合键也可以弹出"新建图层"对话框。

（2）复制图层

- 单击"图层"控制面板右上方的 ≡ 按钮，在弹出的下拉菜单中选择"复制图层"命令，弹出"复制图层"对话框，如图 3-1-32 所示。为：用于设定复制图层的名称。文档：用于设定复制图层的文件来源。
- 将要复制的图层用鼠标拖到"新建图层"按钮，即可复制为一个副本图层。
- 选中源图像中的图层，使用移动工具拖曳到目标图像中，系统会自动产生一个新图层，内容就是复制源图像中选中的图层。

● 使用菜单"图层→复制图层"命令。

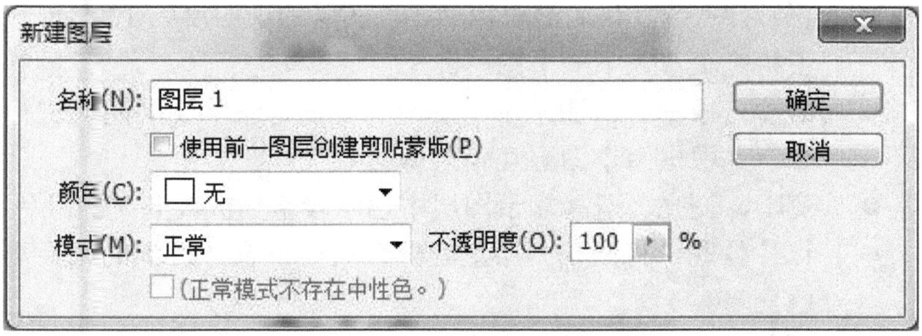

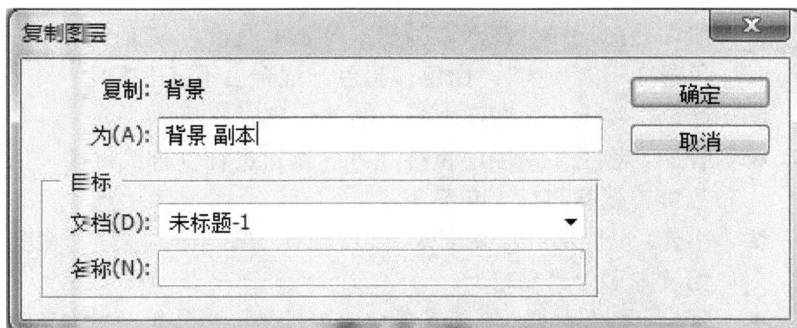

图 3-1-31

图 3-1-32

（3）删除图层

● 将要删除的图层用鼠标拖到"垃圾桶"按钮，即可删除图层。

● 选中图层，按 Del 键即可删除图层。

● 选中图层，选择"图层→删除→图层"命令。

4．图层的排列

图层的排列和顺序直接影响到图像的内容，可以使图像的某些部分出现在其他图层之前或者之后。操作方法是直接用鼠标在图层控制面板上拖曳图层到各个位置，就可以轻松实现各个图层顺序的改变。

5．图层的不透明度

选中需要调整透明度的图层，托运"不透明度"下拉列表框中的滑块，改变图层的显示透明度。100%为完全不透明。0%为完全透明即看不见该图层。也可以直接通过键盘输入数字来完成。

6．图层混合模式

图层混合模式是相邻图层之间设置的不同的混合效果。默认状态下是"正常"，即没有任何特殊效果。单击下拉按钮，即可在下拉列表框中选择合适图像处理效果的混合模式。下面具体解释其中常用的几种混合模式。

- 正常。系统默认的混合模式，当图层的透明度为 100% 时，图层将完全覆盖下一个图层。
- 溶解。根据当前图层不同的透明度值与下一图层随机进行混合，呈现出两个图层互相溶解的效果。
- 变暗、变亮。选择显示图层中色彩较暗（或较亮）的颜色。
- 正片叠底。将两个图层重叠部分进行混合，得到的效果是颜色变暗。
- 颜色加深、颜色减淡。增加（减少）对比度，使上一层图像的色彩变暗（变亮）。白色（黑色）混合后不产生变化。
- 线性加深、线性减淡。减少（增加）亮度，使上一层图像的色彩变暗（变亮）。白色（黑色）混合后不产生变化。
- 滤色。将上一层图像中黑色的部分变得透明。
- 叠加。将上下两图层重叠地方的像素进行复合或过虑，原来色彩的亮度和对比度不变。
- 柔光。以图层的灰亮度为基础，对比 50% 暗的，采用"变亮"，相反则采用"变暗"。
- 强光。与"柔光"判断基础一致，只是柔光使对两端"变暗"，暗的"变亮"；而"强光"是让亮的"变亮"，暗的"变暗"。

7．图层的分类

根据图层的用途，可以分为以下五类。

- 普通图层。包含图像信息，图像外为透明区域，显示下一层的内容。
- 文本图层。专门用来存放文本内容的图层。
- 背景图层。专门用来作图像背景的图层，不能移动顺序，只能位于最下一层。如果要编辑背景图层，需要将它转换为普通图层。操作方法为双击背景图层，弹出"新建图层"对话框，设置图层名称即可。
- 调整图层。不包含任何图像信息，只包含一种色彩调整信息，通过调整图层可以任意调整下一图层的颜色信息，但不会使图像的像素被破坏。创建方法是选择菜单"图层→新调整图层"，在弹出的子菜单中选择需要的色彩调整方式即可。
- 填充图层。不包含任何图像信息，只由纯色、渐变色和图案填充的图层。创建方式是选择菜单"图层→新填充图层"，在弹出的子菜单中选择需要的填充的方式即可。

8．图层的链接和合并

（1）图层的链接

在图像处理的过程中会遇到多个图层之间有些整体的变化，如果分开来进行单个图层的调整，可能造成图层间的位置、比例等发生变化。在没有完成操作之前，这几个图层也不能合并，这时候就需要把几个图层链接到一起，作为一个整体，让几个图层在其中一个图层变化时也随着变化。但这整体的关系在取消链接后，各自又可以恢复为独立的个体。

要建立图层的链接，首先"确定"活动图层，明确了需要链接的图层后，在"图层"面板上 图标旁边的方框内单击出现 图标，就链接成功了。

（2）图层的合并

合并图层的方法有合并图层、拼合图层和合并可见图层。

- 合并图层：当前编辑图层与下一个图层合并，不影响其他图层。
- 合并可见图层：合并可见的图层，即图层左端带有 图标的图层。隐藏图层不合并、不影响。
- 拼合图层：合并所有图层，去掉所有隐藏图层，并用白色填充剩下的透明区域。

9．图层的分布和对齐

（1）分布图层

将三个以上的链接图层，以当前编辑图层为基准，按一定的方式以平均的间隔排列起来。操作方法如下：

- 选中一个图层，链接相关的图层。
- 选择移动工具。在移动工具选属性中选择分布的方式： ：按顶分布； ：垂直居中分布； ：按底分布； ：按左分布； ：水平居中分布； ：按右分布。

（2）对齐图层

将几个链接图层，以当前编辑图层为基准，按一定的方式把几个图层对齐。操作方法如下：

- 选中一个图层作为参照标准（该图层透明度必须大于 50%）。
- 选择移动工具。在移动工具属性栏中选择对齐的方式： ：左对齐； ：垂直中齐； ：底对齐； ：顶对齐； ：水平中齐； ：右对齐。

10．图层组

图层组是一个类似于文件夹的图层管理夹。特别在处理非常多和复杂的图层时，把图层归类放置，这样有利于减少失误和提高效率。

创建方法是选择"图层→新建→组"命令，弹出"新建组"对话框，设置各选项后单击"确定"按钮，就可以在创建一个新的图层组，名为"序列 1"。

用鼠标将图层控制面板上的图层拖到新图层组"序列 1"中。单击"序列 1"旁的三角图标可以控制组内图层的显示和隐藏，即图层组的展开和折叠。

3.1.3 实战演练

使用选框工具绘制圆环，利用复制图层复制多个图层，调整图层顺利实现五环环相扣，利用图层样式命令给五环添加投影，如图 3-1-33 所示。

图 3-1-33

任务 3.2 "文具之家" 店招制作

案例分析

本案例以时尚文具之家为例，制作店铺的店招，店招包含店铺的名称、LOGO 的关键形状、店铺的服务理念及一些店铺信息。

设计理念

本店招采用橙红色为主色调，在店招的左上角放置店铺的名称，并将 LOGO 中的屋顶形状加以变形拓宽，主要图形放置在右侧，一方面使店招左右呼应平衡，另一方面使 LOGO 与店招风格一致，跳跃的线段，又给人以动感；在橙红的背景下，文字采用白色和黄色，对比明显、色彩艳丽，整体布局良好。

3.2.1 操作步骤

1．新建文件

启动 photoshop 程序，单击"文件"→"新建"，弹出"新建"对话框，设置宽度为 950 像素，高度为 150 像素，背景为白色，如图 3-2-1 所示。

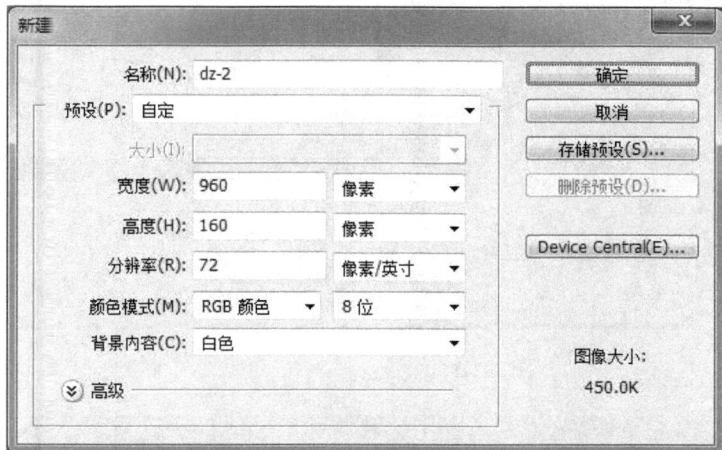

图 3-2-1

2．新建红色背景层

单击工具箱中的前景色图标，弹出"拾色器（前景色）"对话框，将前景色设置为"#FFFFFF"，选择圆角矩形工具 ，在属性栏中选择"形状图层"选项 ，半径为 12px，在属性栏中选择"固定大小"选项，并设定宽为 950px、高为 160px，设定后在文件中单击，效果如图 3-2-2 所示。

图 3-2-2

3．为背景层添加图层样式

单击"图层"面板下方"添加图层样式"按钮 ，选择"渐变叠加"，在弹出的图层样式窗口，单击 新变 中的颜色条，弹

出渐变编辑器，设置线性渐变从 88%位置色标的"#dc442f"到 100%
位置色标的"#ff7000"，如图 3-2-3 所示，单击"确定"按钮，效果如
图 3-2-4 所示。

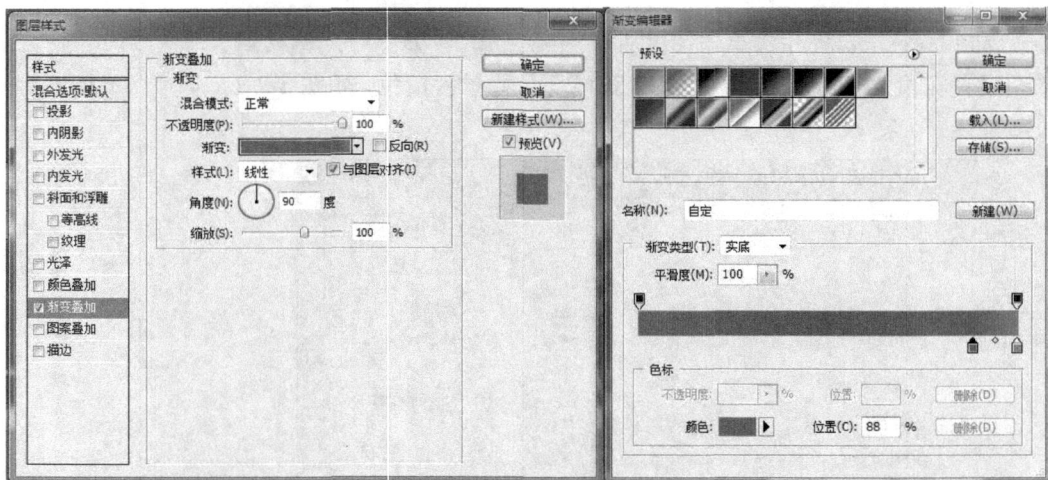

图 3-2-3

图 3-2-4

4．添加修饰形状

1）选择钢笔工具，在属性栏中选择"形状图层"选项，单
击产生"形状 2"图层，如图 3-2-5 所示。

图 3-2-5

温馨提示：在使用钢笔工具的时候，直接单击产生的锚点路径由
直线段组成，锚点为直线锚点；若单击时按住鼠标左键拖动生成连续

曲线，锥点为平滑锚点；若按住鼠标拖动时同时按住 Alt 键，则产生角点锚点；使用钢笔工具时按住 Ctrl 键即可转化为直接选择工具，对锚点进行微调；按住 Alt 键即可转化为转化点工具。

2）选择矩形工具▭，在属性栏中选择"形状图层"选项▭，选择"自定义形状"工具，并在形状选择面板中选择加载"全部"，如图 3-2-6 所示，然后选择中"标记 2" 形状：▲ 图形，设置图层颜色为黄色（RGB：250，250，0），设置图层透明度为 36%，在适当位置单击，图像效果如图 3-2-7 所示。

图 3-2-6

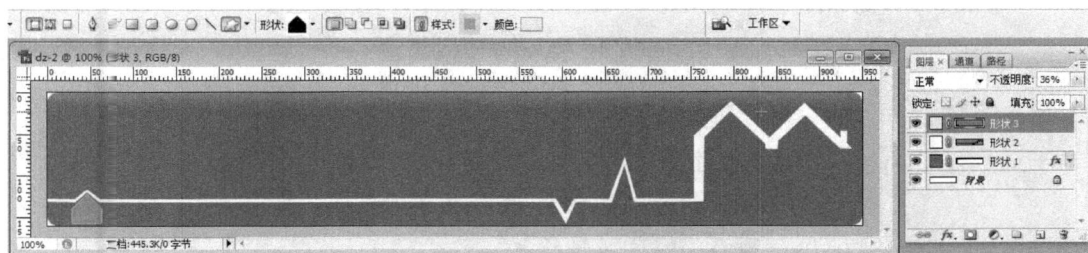

图 3-2-7

3）选择矩形工具，在适当位置画出矩形□，设置图层透明度为100%，效果如图 3-2-8 所示。

4）设置前景色为白色（RGB：255，255，255），在形状选择面板中选中"标记 6"、"万维网"，在文件中单击；设置图层样式为"外发光"，大小为 1，其他参数默认，参数设置如图 3-2-9 所示，并将"标记 6"图层复制并移动到适当位置，如图 3-2-10 所示。

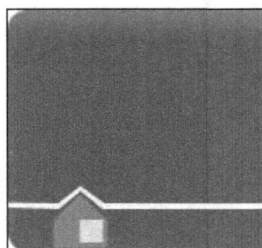

图 3-2-8

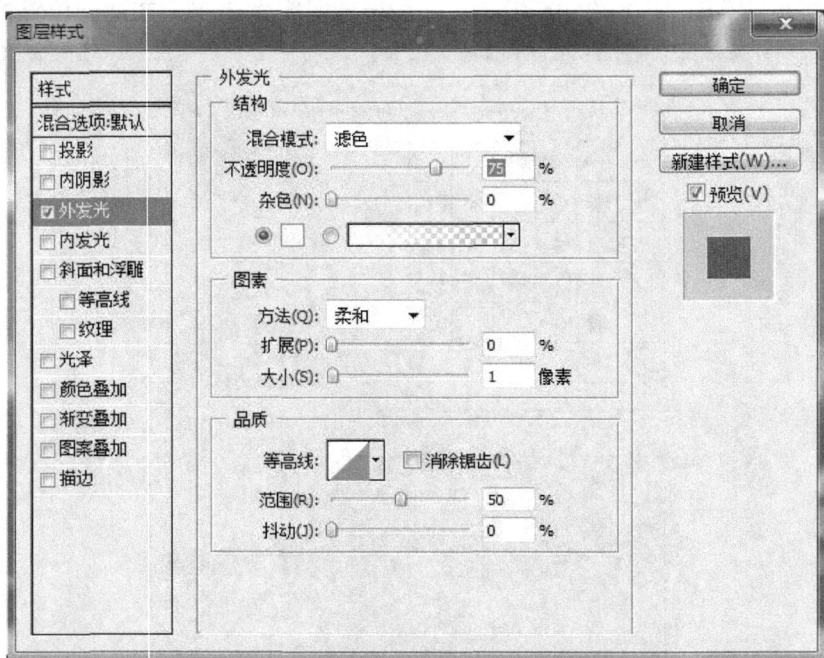

图 3-2-9

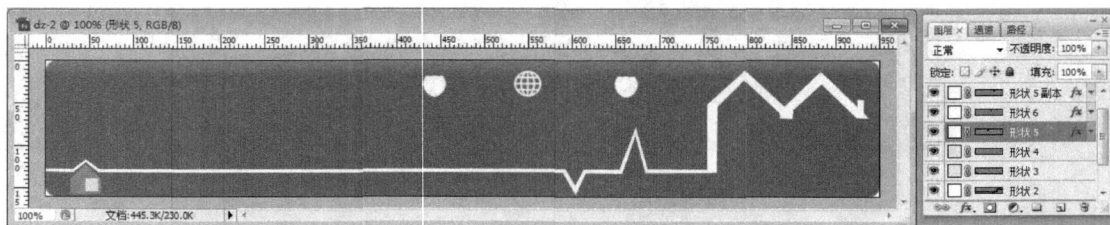

图 3-2-10

5．添加文字

添加文字后最终效果如图 3-2-13 所示。

1）选择文字工具T，前景色仍为白色，字体为"华文行楷"，大小 50，输入"时尚文具之家"。

2）设置字体"Arial Narrow"，大小为 22 点，输入"www.shwjzj.com"。

3）设置字体"黑体"，大小为 14 点，输入"本公司所有商品均为原装正品，值得您的依赖！"，在"字符"面板中设置字符间距为 75，如图 3-2-11 所示。

4）设置字体为"黑体"，大小为 20 点，输入"800-800-800"，在"字符"面板中设置字符间距为 25，如图 3-2-12 所示。

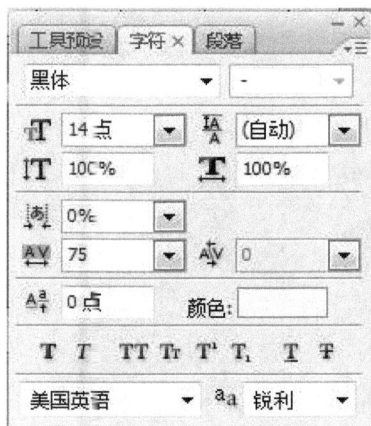

图 3-2-11

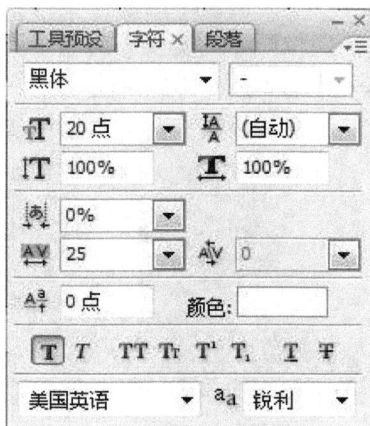

图 3-2-12

5）在"字符"面板中修改颜色为橙红色（RGB：224，94，67），字体大小为 16，输入"正"、"七"，调整位置，使其位于步骤 4 中"标记 6"形状之上；输入"回家的感觉真好"，修改大小为 18 点，设置字符间距为 25。

6）输入"旗舰店"，在"字符"面板中设置大小为 44 点，颜色为黄色（RGB：255，255，0），字符间距为 50。

7）输入"正品行货"，大小为"18 点"，字符间距为 25，颜色不变；同样的设置输入"全国联保"、"七天退换"，并调整位置，如图 3-2-13 所示。

图 3-2-13

6．子出图片

按 Ctrl+S 组合键，保存 PSD 文件；按 Ctrl+Shift+S 组合键，在弹

出的"存储为对话框"中，选择文件类型为 JPEG，即可保存为网页中常用的图片格式。

3.2.2　相关工具

1．变换图像画布

图像画布的变换将对整个图像起作用。选择"图像→旋转画布"，其子菜单如图 3-2-14 所示。

画布变换的多种效果如图 3-2-15 所示。

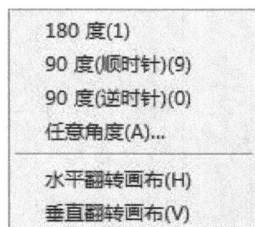

图 3-2-14

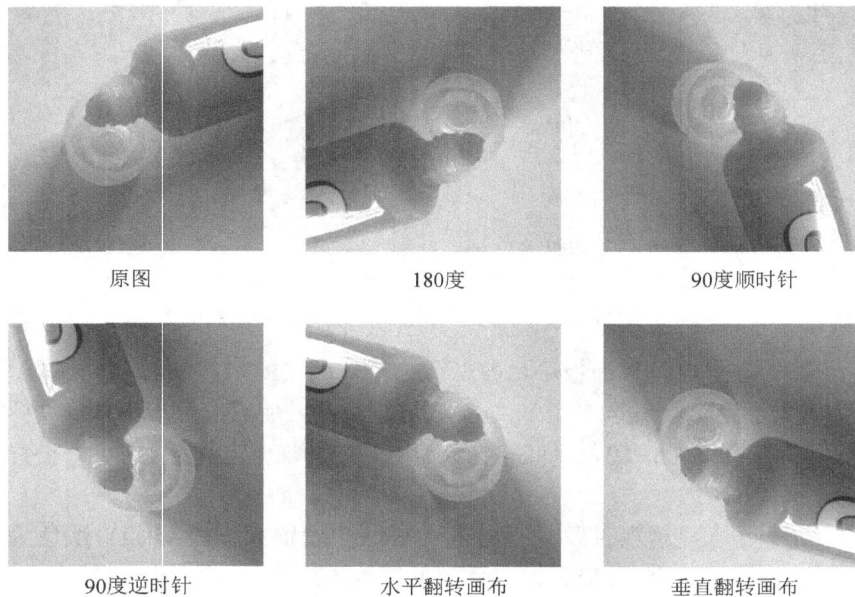

原图　　　　　　　　180度　　　　　　　90度顺时针

90度逆时针　　　　　水平翻转画布　　　　垂直翻转画布

图 3-2-15

选择"任意角度"命令，弹出"旋转画布"对话框，设置角度为 45 度，如图 3-2-16 所示，单击"确定"按钮，画布被旋转，效果如图 3-2-17 所示。

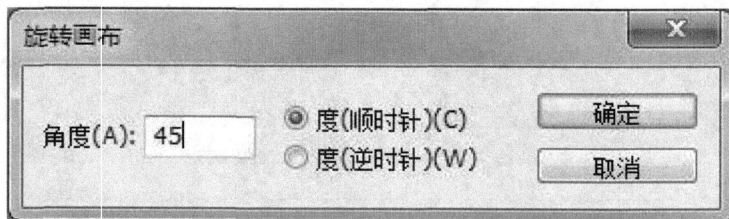

图 3-2-16

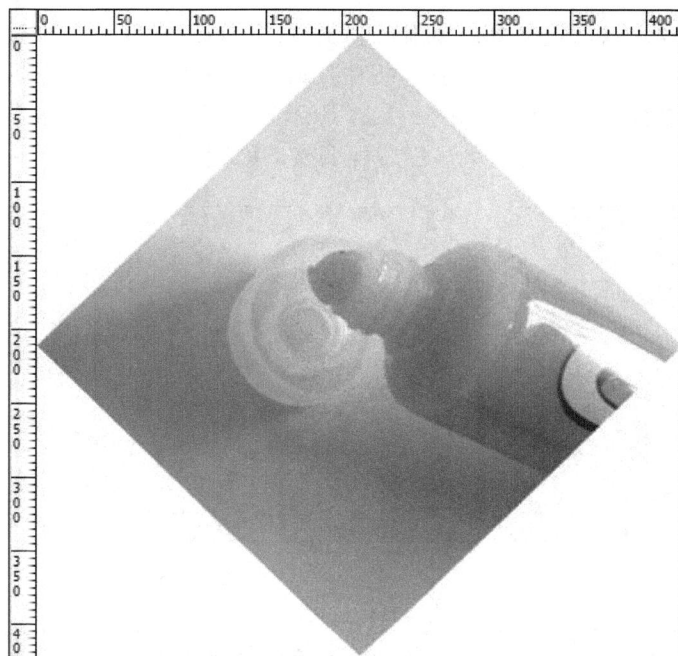

图 3-2-17

2．变换图像选区

在操作过程中可以根据设计和制作的需要变换已经绘制好的选区。在图像中绘制完选区后，选择"编辑→自由变换路径"或"变换路径"命令，可以对图像的选区进行各种变换。"变换路径"命令的子菜单如图 3-2-18 所示。

再次(A)	Shift+Ctrl+T
缩放(S)	
旋转(R)	
斜切(K)	
扭曲(D)	
透视(P)	
变形(W)	
旋转 180 度(1)	
旋转 90 度(顺时针)(9)	
旋转 90 度(逆时针)(0)	
水平翻转(H)	
垂直翻转(V)	

图 3-2-18

在图像中绘制选区，如图 3-2-19 所示 。选择"缩放"命令，拖曳控制柄可以对图像选区进行自由缩放，如图 3-2-20 所示。选择"旋转"命令，旋转控制手柄可以对图像选区进行自由旋转，如图 3-2-21 所示。

　　　　选择"斜切"命令，拖曳控制手柄，可以对图像选区进行斜切调整，如图 3-2-22 所示。选择"扭曲"命令，拖曳控制手柄，可以对图像选区进行扭曲调整，如图 3-2-23 所示。选择"透视"命令，拖曳控制手柄，可以对图像选区进行透视调整，如图 3-2-24 所示。

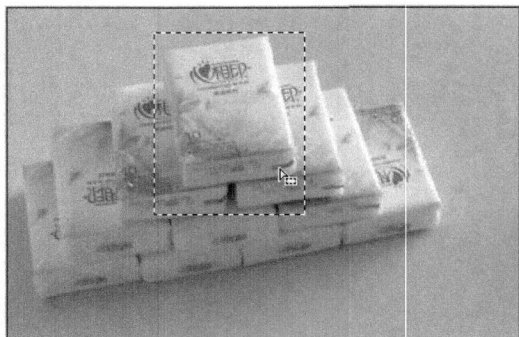

图 3-2-19

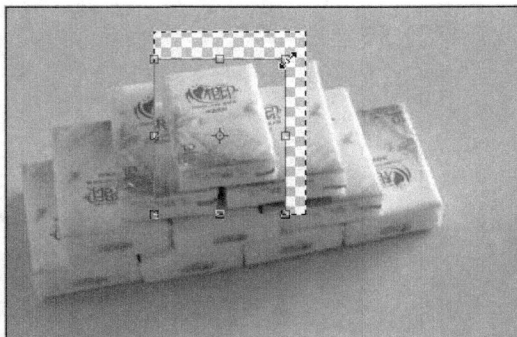

图 3-2-20

图 3-2-21

图 3-2-22

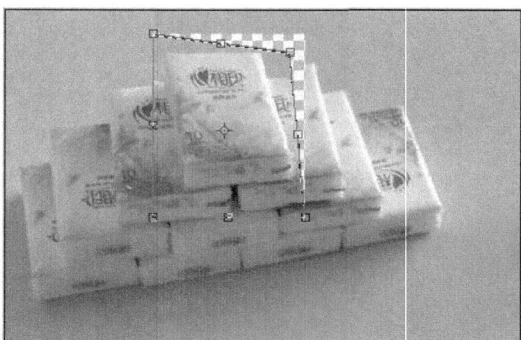

图 3-2-23

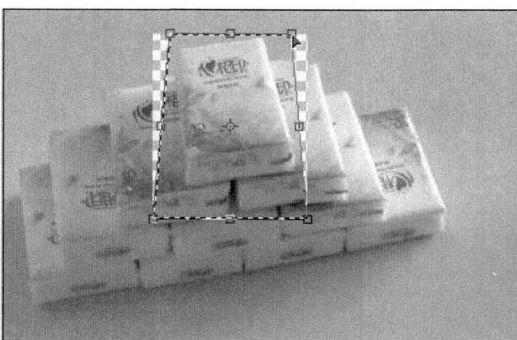

图 3-2-24

　　　　选择"旋转 180°"命令，可以将图像选区旋转 180°，如图 3-2-25 所示。选择"旋转 90°（顺时针）"命令，可以将图像选区顺时针旋转

90°，如图 3-2-26 所示。选择"旋转 90°（逆时针）"命令，可以将图
像选区逆时针旋转 90°，如图 3-2-27 所示。

图 3-2-25   图 3-2-26

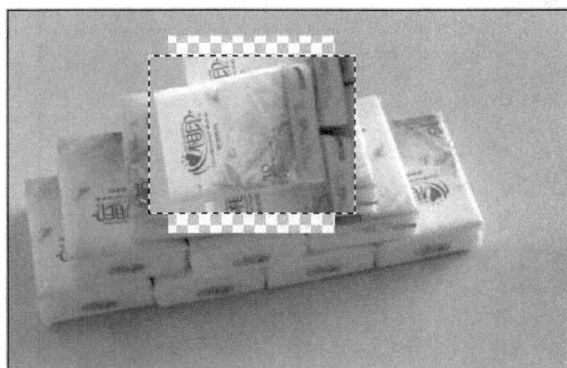

图 3-2-27

选择"水平翻转"命令，可以将图像水平翻转，如图 3-2-28 所示。
选择"垂直翻转"命令，以将图像垂直翻转，如图 3-2-29 所示。

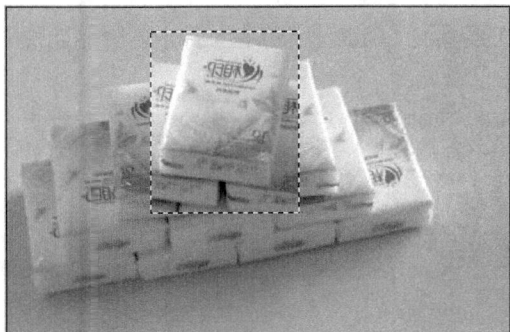

图 3-2-28   图 3-2-29

如果在图像中没有选区，则选择"编辑→自由变换"命令将对当前活动图层进行变换。

3.2.3　实战演练

使用矩形选框工具绘制矩形图像，使用圆角矩形图形工具绘制图形，复制图层并使用变形工具对调整图层，利用文字工具添加文字，最后利用渐变工具填充渐变颜色，如图 3-2-30 所示。

图 3-2-30

任务 *3.3* 综合演练

使用自定义形状工具、钢笔工具绘制形状，使用文字工具添加文字，为图层添加效果（最终效果参见"Ch3/效果/好助手办公用品旗舰"，如图 3-3-1 所示）。

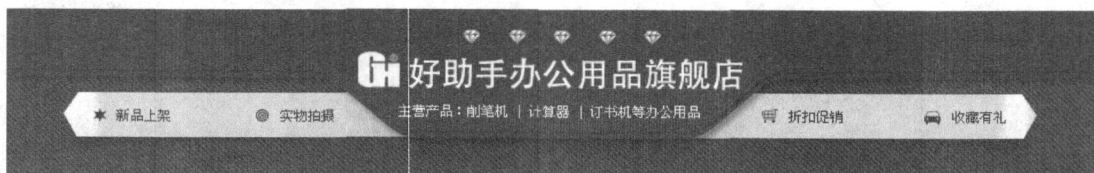

图 3-3-1

项目考核评价

按表 3-1 对学生学习效果进行评价。

表 3-1　评价表

项目	学习要求	评价标准				评分	互评	教师评价
		优秀	良好	合格	不合格			
1	掌握店招的设计思路							
2	掌握店招的制作方法和技巧							
3	掌握图层的新建、复制和删除图层的方法							
4	掌握图层链接与合并、分布和对齐的操作方法							
5	掌握变换画布的操作方法							
6	掌握变换图像旋转、斜切、扭曲的操作方法							

4

项目 4　宣传版块设计

　　宣传海报已成为很多店铺、网页的重要宣传形式，使用Photoshop编辑制作的宣传文件内容丰富、形式多样灵活，特别是在网络店铺装修过程中，宣传版块是最能体现店铺风格、抓住消费者眼球的一个重要版块。本章以制作主题宣传海报为例，介绍网络店铺装修中宣传海报的制作方法和制作技巧。

学习目标

- 掌握工作界面的基本操作。
- 掌握设置文件的基本方法。
- 掌握图像的基本操作方法。

任务 *4.1* "生活邦"店铺宣传版块

案例分析

本案例是以生活邦文具店为例，制作简洁风格的宣传版块，通过文字与图形相结合突出宣传主题，体现简洁大方的风格。

设计理念

在设计制作过程中，使用渐变的方格填充背景，体现层次感和立体感，再使用同样形状不同颜色的方格来制作心形，来突出主题文字，加强宣传活动效果。将同底色的三个宝贝照片放置到宣传照上，使整体更形象。整个宣传版块主题突出、简洁明快，颜色大方漂亮。

4.1.1 操作步骤

1. 绘制背景

1）按 Ctrl+N 组合键，新建文件，参数设置如图 4-1-1 所示。

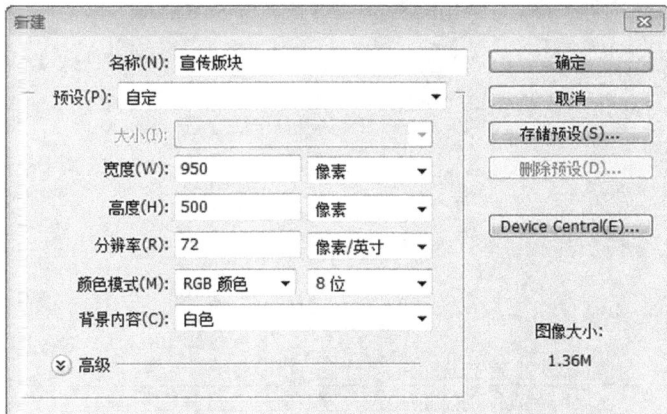

图 4-1-1

2）选择矩形选框工具 ，设置固定大小为宽 2.4 厘米、高 2.2 厘米，在左上角单击，绘制一个矩形选框。在图层面板中，单击"新建图层"按钮 新建图层，重命名为"方格"。设置前景色为白色，背景色为灰色（RGB：218，214，214），选择渐变工具 ，选择"线性渐变"模式，在矩形选框中添加渐变填充，效果如图 4-1-2 所示。

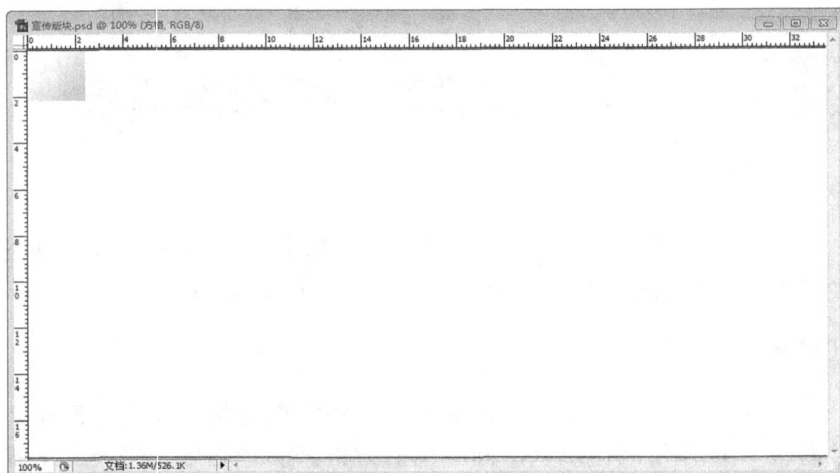

图 4-1-2

3）选择移动工具，按住 Alt 键，对方格图层进行移动复制操作，直至填满整个画布，如图 4-1-3 所示。

图 4-1-3

2. 绘制爱心和横条形状

1）再复制一个方格图层，重命名为"爱心方格"，并按住 Ctrl 键单击图层缩略图，将这个图层载入选区，设置前景色为（RGB：242，179，6），背景色为（RGB：193，141，6），选择渐变工具，选择前景色到背景色的渐变，选择"线性渐变"模式，进行渐变填充，再通过复制移动的方式，绘制出一个心形，如图 4-1-4 所示。

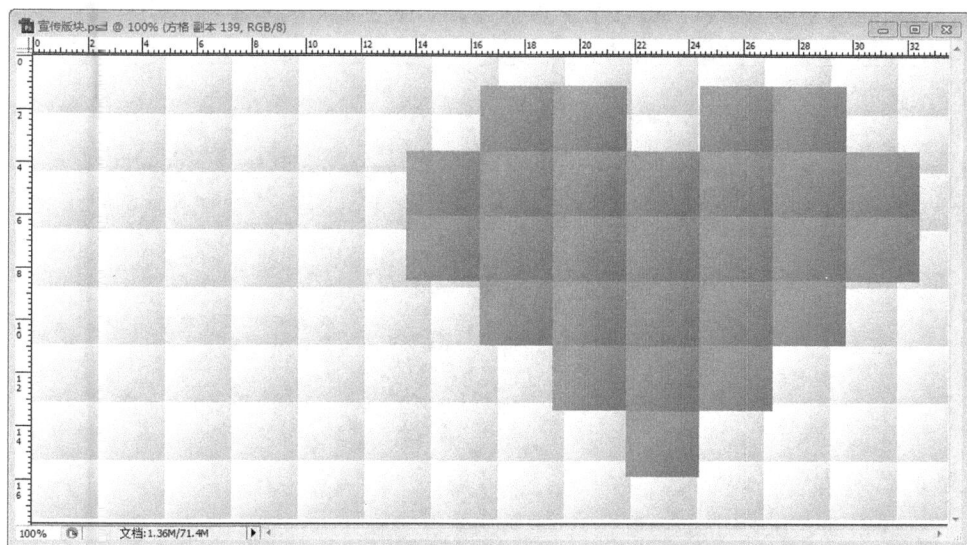

图 4-1-4

2）选择组成心形的方格图层，并合并图层生成一个图层，重命名为"爱心"。双击图层缩略图，在"图层样式"对话框中选择"内阴影"选项，其他保留默认设置，单击"确定"按钮，效果如图 4-1-5 所示。

图 4-1-5

3）新建图层，重命名为"横条"，选择矩形选框工具███，绘制一个宽 12 厘米、高 2.6 厘米的矩形选框，前景色和背景色与前面保持一致，选择渐变工具███，选择线性渐变模式，对矩形选框进行渐变填充，效果如图 4-1-6 所示。

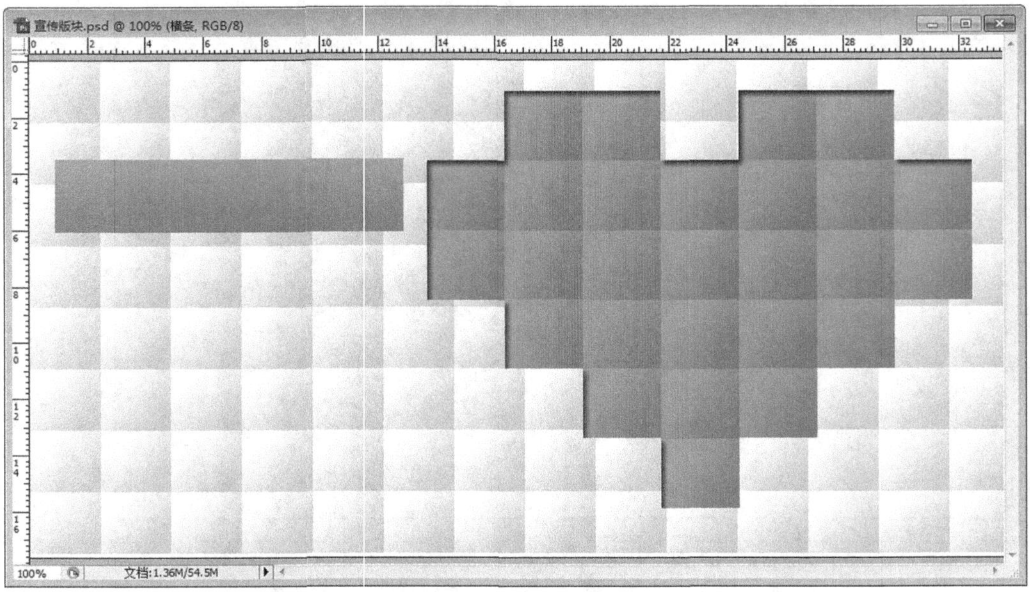

图 4-1-6

4）对该图层进行自由变换，并移动到左上角合适的位置。双击该图层缩略图，在"图层样式"对话框中选中"投影"选项，其他保留默认设置，为该图层添加阴影效果，如图 4-1-7 所示。

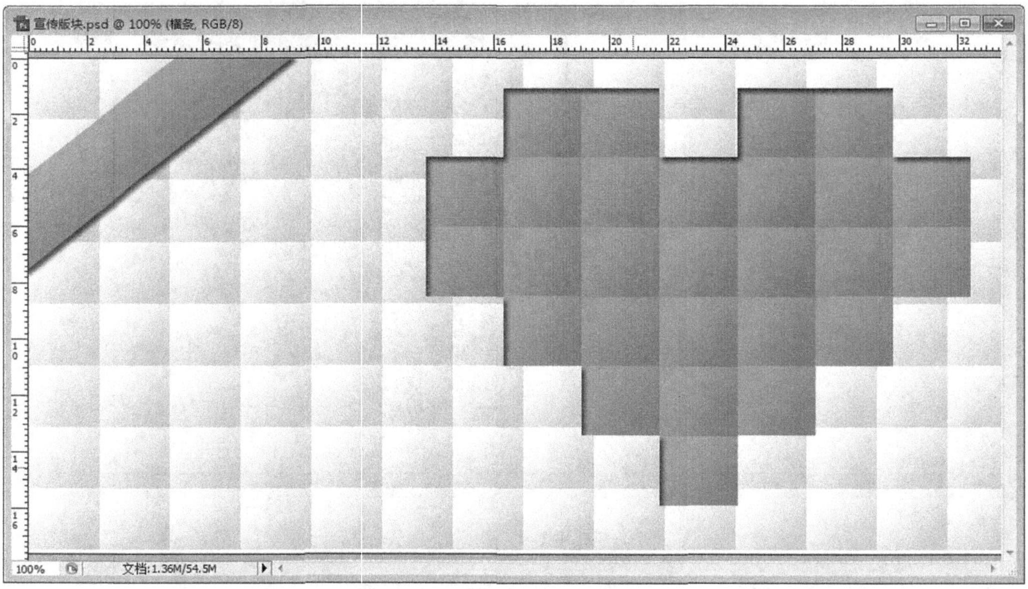

图 4-1-7

5）选择第 2 章制作的 LOGO，重新填充颜色为白色，将其移动到"横条"图层上，进行相应的自由变化调整，效果如图 4-1-8 所示。

图 4-1-8

3．添加文字

1）选择文字工具 ⊤，选择字体为黑体，大小为 45，在心形上输入"文具专场热卖"、"心动价"两行文字，在"字符"面板中选择字体加粗、字符间距加宽 10%。

2）在"文具专场热卖"、"心动价"两个图层输入文字"HOLD 不住的诱惑"，字体为宋体，大小为 48，在"字符"面板中选择字体加粗，字符间距加宽 25%。

3）给"文具专场热卖"、"心动价"两个文字图层添加投影效果，各选项保留默认设置，效果如图 4-1-9 所示。

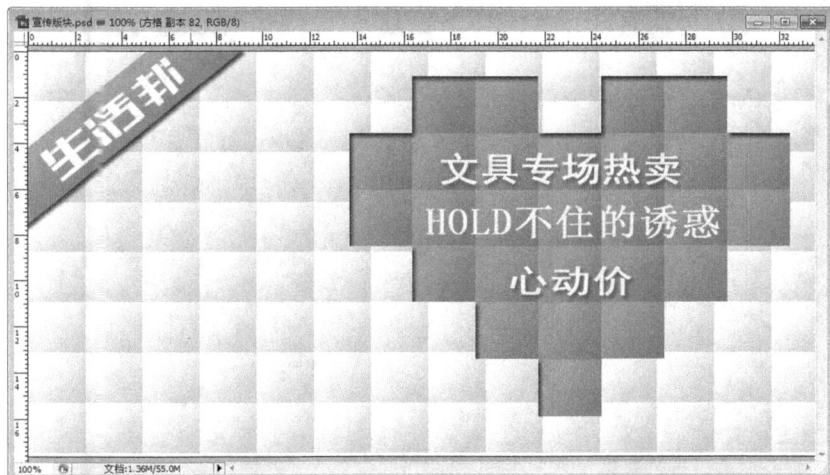

图 4-1-9

4）选择文字工具 T ，设置字体为黑体，大小为 40，前景色为（RGB：105，105，105），在心形的左侧输入文字"激情欧洲杯"、"情迷网购中"，在字符面板中设置行距为 50，效果如图 4-1-10 所示。

图 4-1-10

5）选择文字工具 T ，设置字体为"黑体"，大小为 24，输入"考尔德长尾夹"。

6）选择文字工具 T ，设置字体为"Impact"，大小为 30，输入"ONLY"、"10.00"，在两者中间输入"￥"，在文字"10.00"后面再输入"抢购"。设置字体为"黑体"，大小为 18，输入"详情登录：http://www.shb.com"，效果如图 4-1-11 所示。

图 4-1-11

7）新建图层，重命名为"圆 1"，选择椭圆选框工具 ，填充颜色为（RGB：242，179，6），添加图层样式为"投影"。复制"圆 1"

图层，重命名为"圆 2"。如图 4-1-12。选择文字工具 T，设置字体为黑体，大小为 30，颜色为白色，分别在两个圆形上输入"特"、"价"，效果如图 4-1-13 所示。

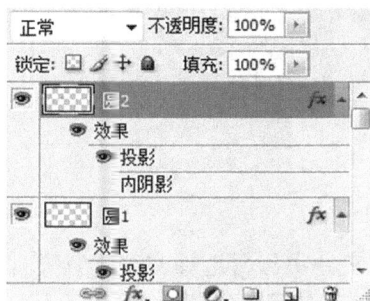

图 4-1-12

图 4-1-13

4. 添加宝贝照片

1）打开素材图片"1.jpg"，选择快速选择工具，拖动鼠标将图像选入选区，如图 4-1-14 所示，再选择移动工具，将选中的图像拖入到"宣传版块.psd"文件中，生成新图层，重命名为"产品 1"，按 Ctrl+T 组合键出现自由变换框，将"产品 1"图层调整到合适大小，如图 4-1-15 所示。

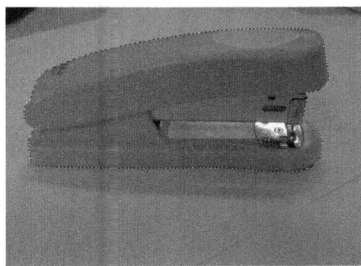

图 4-1-14

图 4-1-15

2）打开素材图片"2.jpg"，选择磁性套索工具，将其中的图像选入选区，如图 4-1-16 所示，再选择移动工具，将选区拖入文件，生成新图层，重命名为"产品 2"，再将该图像进行大小和位置的调整，效果如图 4-1-17 所示。

图 4-1-16

图 4-1-17

3）同样的方法将"产品 3"移动到文件中，再选择文字工具 T，在"产品 2"和"产品 3"中输入一个"+"符号，如图 4-1-18 所示。

图 4-1-18

4）新建图层，重命名为"价格条"，选择矩形选框工具 ，在"产品 1"下方绘制一个矩形选区，设置前景色为（RGB：242，179，6），背景色为白色，选择渐变工具 ，设置渐变填充模式为"对称渐变"，进行渐变填充。

5）双击"价格条"图层缩略图，在"图层样式"对话框中选择"投影"选项，再单击"描边"选项，设置大小为 1 像素，颜色为黑色，效果如图 4-1-19 所示。

6）选择文字工具 T，设置字体为"宋体"，大小为 18，颜色为黑色，在价格条上输入文字"单价六折￥22"，效果如图 4-1-20 所示。

7）复制上一步骤中的价格条和文字图层，将价格条的大小做相应调整，并将文字更改为"组合更优惠￥23"，效果如图 4-1-21 所示。

图 4-1-19

图 4-1-20

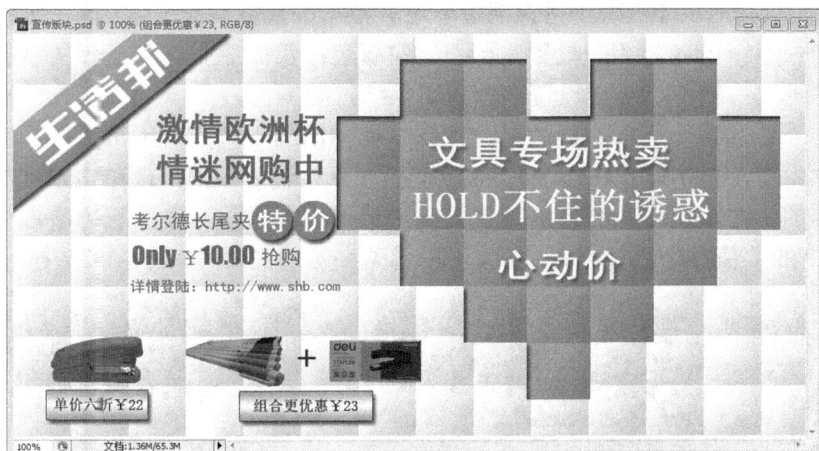

图 4-1-21

4.1.2 相关工具

1．文字工具

选择横排文字工具 T 或按 T 键，其属性栏如图 4-1-22 所示。

图 4-1-22

更改文本方向 ，用于选择文字输入的方向。

黑体 ：用于设定文字的字体及属性。

30点 ：用于设定字体的大小。

锐利 ：用于消除文字的锯齿，包括无、锐利、犀利、浑厚、平滑 5 个选项。

：用于设定文字的段落格式，从左到右依次是左对齐、居中、右对齐。

：用于设置文字的颜色。

创建文字变形 ：用于对为进行变形操作。

显示/隐藏字符和段落调板 ：用于打开"段落"和"字符"控制面板。

取消所有当前编辑：用于取消对文字的操作。

提交所有当前编辑：用于确定对文字的操作。

◎字符面板

"字符"面板用于编辑文本字符。选择"窗口→字符"命令，弹出"字符"面板，如图 4-1-23 所示。

图 4-1-23

在"字符"面板中，第 1 栏选项用于设置字符的字体和样式，第 2 栏选项用于设置字符的大小、行距、字距和单个字符所占横向空间的大小；第 3 栏选项用于设置字符垂直方向的长度、水平方向的长度；第 4 栏用于设置角标、字符颜色；第 5 栏按钮用于设置字符的形式；第 6 栏用于设置字典和消除字符的锯齿。

单选字体选项右侧的下拉按钮，在弹出的下拉列表中可以选择字体。在设置字体大小选项 T 的数值框中直接输入数值，或单击选项右侧的下拉按钮，在弹出的下拉列表中选择字体大小。在垂直缩放选项 IT 的数值框中直接输入数值，可以调整字符的高度，如图 4-1-24 所示。

（a）数值为 100%的文字效果　　（b）数值为 150%的文字效果　　（c）数值为 200%的文字效果

图 4-1-24

在设置行距选项的数值框中直接输入数值，或单击选项右侧的下拉按钮，在弹出的下拉列表中选择需要的行距数值，可以调整文本段落的行距，效果如图 4-1-25 所示。

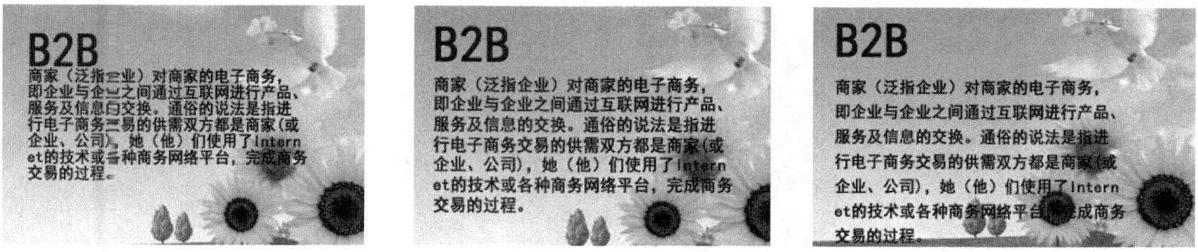

数值为 12 的文字效果　　数值为 14 的文字效果　　数值为 18 的文字效果

图 4-1-25

在水平缩放选项的数值框中输入数值，可以调整字符的宽度，效果如图 4-1-26 所示。

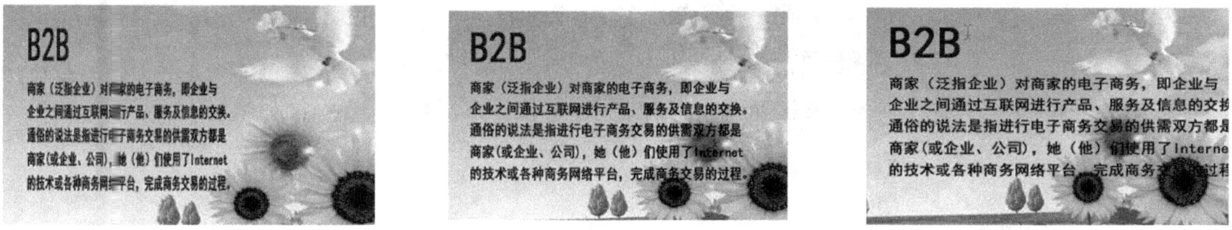

数值为 100%的文字效果　　数值为 150%的文字效果　　数值为 200%的文字效果

图 4-1-26

在设置所选字符的比例间距选项的下拉列表中选择百分比数值，可以对所选字符的比例间距进行细微的调整，效果如图 4-1-27 所示。

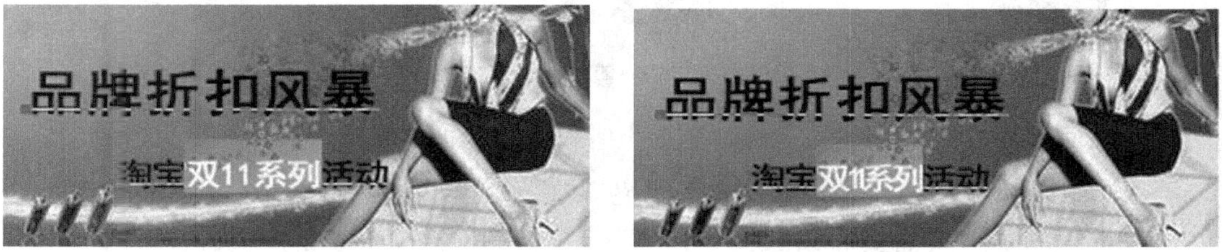

数值为 0%的文字效果　　数值为 100%的文字效果

图 4-1-27

在设置所选字符的字距调整选项的数值框中直接输入数值，或单击选项右侧的下拉按钮，在弹出的下拉列表中选择字距数值，可以调整文本段落的字距。输入正值时字距加大，输入负值时字距缩小，效果如图 4-1-28 所示。

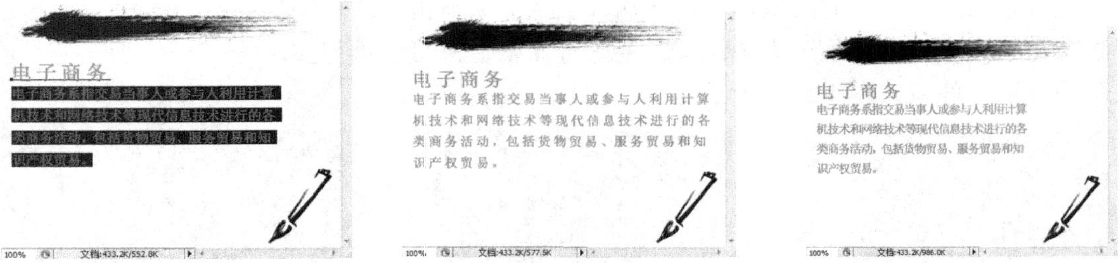

数值为 0 时的效果　　　　　　数值为 200 时的效果　　　　　　数值为－100 时的效果

图 4-1-28

　　使用横排文字工具在两个字符间单击，在"设置两个字符间的字距微调"选项 的数值框中输入数值，或单击选项右侧的下拉按钮，在弹出的下拉列表中选择需要的字距数值。输入正值时两个字符的间距加大，输入负值时两个字符的间距缩小。

　　选中字符，在"设置基线偏移"选项的文本框中直接输入数值，可以调整字符上下移动，输入正值时，水平字符上移，直排的字符右移；输入负值时，水平字符下移，直排的字符左移，效果如图 4-1-29 所示。

数值为 0 时的文字效果　　　数值为 10 时的文字效果　　　数值为－10 时的文字效果

图 4-1-29

　　单击"设置文本颜色"图标，弹出"选择文本颜色"对话框，设置需要的颜色后单击"确定"按钮，改变文字的颜色。

　　设定字符形式 ：从左到右依次为"仿粗体"按钮 **T**、"仿斜体"按钮 *T*、"全部大写字母"按钮 **TT**、"小型大写字母"按钮 **Tr**、"上标"按钮 **T¹**、"下标"按钮 **T₁**、"下划线"按钮 **T**、"删除线"按钮 **T**。

　　单击语言设置选项 右侧的下拉按钮，在弹出的下拉列表中选择需要的字典。选择字典主要用于拼写检查和连字的设定。

　　消除锯齿的方法选项 可以选择无、锐化、明晰、强、平滑 5 中消除锯齿的方法中的 1 种。

◎文字段落

"段落"控制面板用于编辑文本段落。选择"窗口>段落"命令，弹出"段落"控制面板，如图 4-1-30 所示。

：用于调整文本段落中每行的方式，从左到右依次为左对齐文本、居中对齐文本、右对齐文本。

：用于调整段落的对齐方式，从左到右依次为最后一行左对齐、最后一行居中对齐、最后一行右对齐。

全部对齐：用于设置整个段落中的行两端对齐。

左缩进：在文本框中输入数值可以设置段落左端的缩进量。

右缩进：在文本框中输入数值可以设置段落右端的缩进量。

首行缩进：在文本框中输入数值可以设置段落第 1 行的左端缩进量。

段前添加空格：在文本框中输入数值可以设置当前段落与前一段落的距离。

段后添加空格：在文本框中输入数值可以设置当前段落与后一段落的距离。避头尾法则设置、间距组合设置：用于设置段落的样式。

连字：用于确定文字是否与连字符连接。

图 4-1-30

2．文字蒙版工具

选择工具箱中的横排文字蒙版工具 或直排文字蒙版工具 ，在图像窗口中单击，图像暂时转换为快速蒙版模式，此时在图像中输入文字，实际上是在编辑快速蒙版，如图 4-1-31 所示。文字编辑完成后，单击选项栏中的 按钮，图像将返回标准编辑模式，刚编辑的文字将会转为选区，如图 4-1-32 所示。

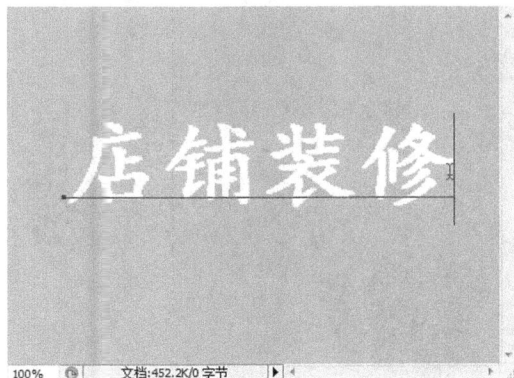

图 4-1-31

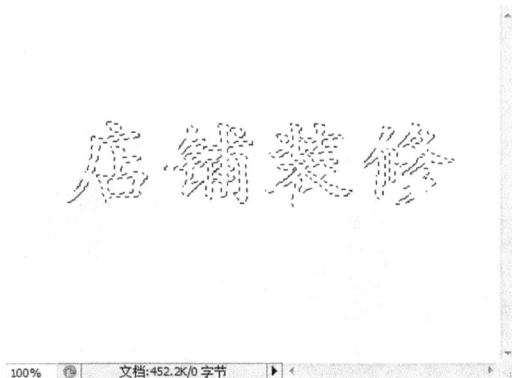

图 4-1-32

使用横排、直排文字蒙版工具建立选区后，就无法再对文字进行编辑了，所以在返回标准编辑模式前，一定要确认需要的选区效果已经完成。

3．填充工具

（1）油漆桶工具

选择油漆桶工具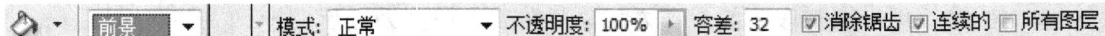，或按 SHIFT+G 组合键，其属性栏如图 4-1-33 所示。

图 4-1-33

设置填充区域的源 前景 ▼：在其下拉列表中选择填充前景色或图案。

▦▼：用于选择定义好的图案。

模式：用于选择着色的模式。

不透明度：用于设定不透明度。

容差：用于设定色差的范围，数值越小，容差越小，填充的区域也越小。

消除锯齿：用于消除边缘锯齿。

连续的：用于设定填充方式。

所有图层：用于选择是否对所有可见图层进行填充。

选择油漆桶工具，在其属性栏中设定不同的"容差"，如图 4-1-34 和图 4-1-35 所示，图像的填充效果也不同，如图 4-1-36 和图 4-1-37 所示。

图 4-1-34

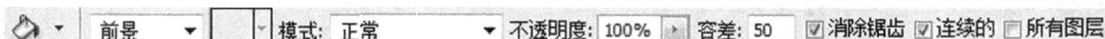

图 4-1-35

图 4-1-36

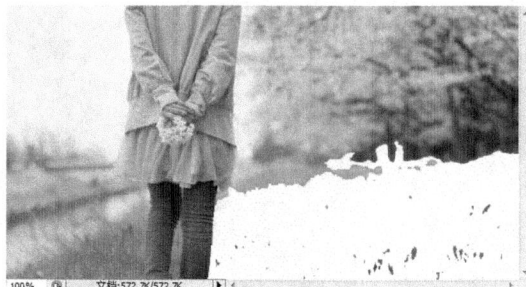

图 4-1-37

在油漆桶工具的属性栏中设置图案为"箭尾工"，用油漆桶工具在图像中进行填充，效果如图 4-1-38 所示。

图 4-1-38

（2）渐变填充

选择渐变工具 ，或按 Shift+G 组合键，其属性栏如图 4-1-39 所示。

图 4-1-39

渐变工具包括线性渐变工具、径向渐变工具、角度渐变工具、对称渐变工具、菱形渐变工具。点按可编辑渐变  ：用于编辑渐变的色彩和模式。

：用于选择各类型的渐变工具。

模式：用于选择着色的模式。

不透明度：用于设定不透明度。

反向：用于反向产生色彩渐变的效果。

仿色：用于使渐变更平滑。

透明区域：用于产生不透明度。

如果自定义渐变形式和色彩，可单击"点按可编辑渐变"按钮  ，在弹出的"渐变编辑器"对话框中进行设置，如图 4-1-40 所示。

图 4-1-40

在"渐变编辑器"对话框中，单击颜色编辑框下方的适当位置，可以增加颜色色标，如图 4-1-41 所示。双击颜色色标，可以更改颜色，颜色的位置也可以调整，在"位置"数值框中输入数值或直接拖曳颜色色标即可。单击"颜色"右侧的颜色块，弹出"选择色标颜色"对话框，可以设定色标颜色，如图 4-1-42 所示。还可以对色标进行删除、不透明度设置等操作。

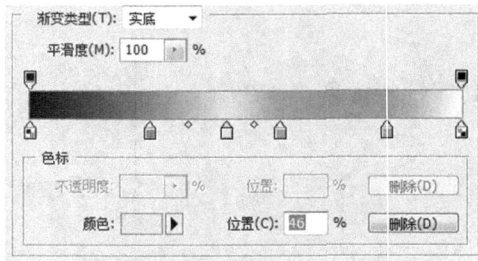

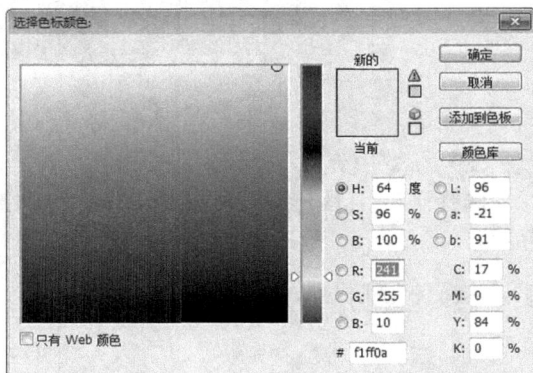

图 4-1-41   图 4-1-42

4．图层样式

Photoshop CS3 提供了多种图层样式，可以单独为图像添加一种样式，也可以同时为图像添加多种样式。

单击"图层"面板右上方的图标，在弹出的下拉菜单中选择"混合选项"命令，弹出"混图层样式"对话框，如图 4-1-43 所示。此对话框用于对当前图层进行特殊效果的处理。选择对话框左侧的任意选项，将显示相应的效果选项。

还可以单击"图层"面板底部的"添加图层样式"按钮，弹出其下拉菜单，如图 4-1-44 所示。

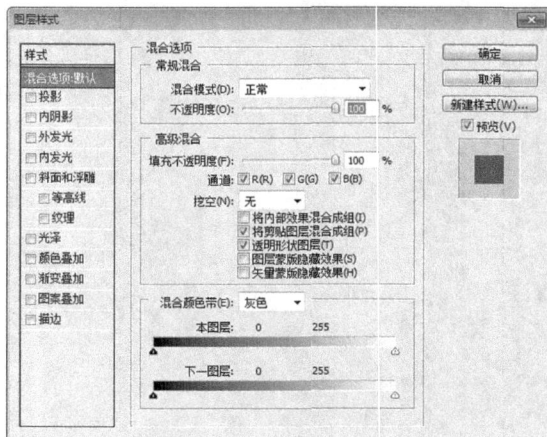

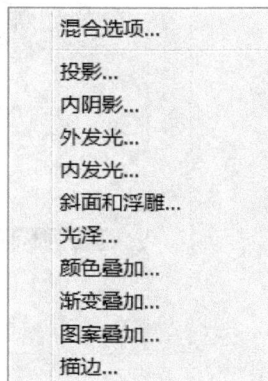

图 4-1-43   图 4-1-44

4.1.3 实战演练

利用形状工具、文字工具，对图4-1-45进行修饰，效果如图4-1-46所示。

图 4-1-45

任务 *4.1* 综合演练

请结合文字工具、文字蒙版工具、钢笔工具、自定形状工具、画笔工具等来制作以下绚丽多彩的宣传版块，如图 4-2-1 所示。

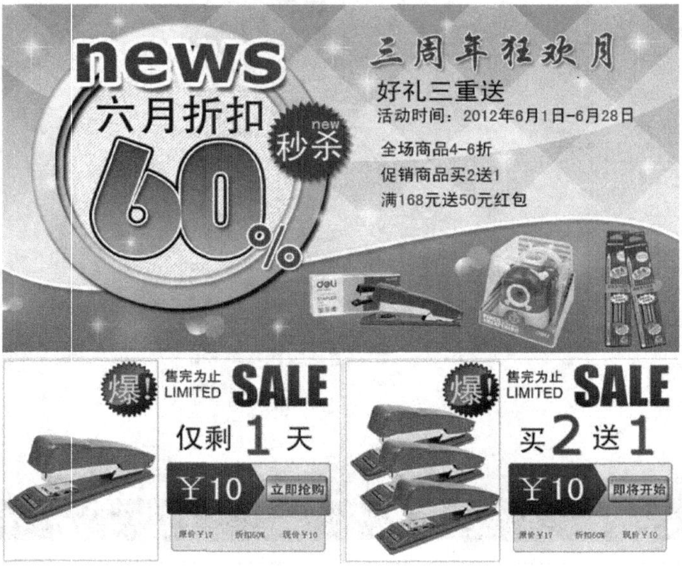

图 4-2-1

项目考核评价

按表 4-1 对学生学习效果进行评价。

表 4-1　评价表

项目	学习要求	评价标准				评分	互评	教师评价
		优秀	良好	合格	不合格			
1	学会文字工具的输入；学会文字格式的更改；熟练更改文字段落的设置							
2	能利用文字蒙版来制作一些稍微复杂的文字图形							
3	学会油漆桶的使用；学会渐变工具的使用							
4	理解图层样式的意义，学会运用各种图层样式的添加							
5	能利用所学工具来设计制作简单的网店宣传海报							

5

项目 5　商品详情页设计

顾客在网上购物时不能直接接触到商品，所以商品描述、特性介绍就非常重要。在商品详情页设计项目中，由于涉及内容较多，我们分"商品主图设计"、"商品描述——促销区设计"和"商品描述——模版设计"这三个部分展开学习。在"商品主图设计"部分，主要介绍五张商品图片的设计；在"商品描述——促销区设计"部分，介绍该商品促销图片的设计方法；在"商品描述——模版设计"部分，主要介绍商品描述模版的设计方法，这将是展示商品详细信息的区域。

学习目标

● 掌握网店装修中，商品详情页设计的思路和技巧。
● 掌握网店装修中，商品详情页设计的方法和手段。

任务 *5.1* 商品主图设计

案例分析

　　网店运营过程中，为了给店铺增加浏览量以及销量，经常会对几款商品进行促销和推广。顾客通过搜索，展现给顾客的第一张图片就是商品主图。商品主图设计如何，会直接影响顾客的购买意向。本案例设计的是网店"生活邦"销售的一款订书机的主图，要求生动形象地展示这款订书机的销售情况。

设计理念

　　如图 5-1-1 所示，这幅主图底色为白色，红色文字眼形成视觉冲击。通过渐变形成立体效果，整体设计鲜明，主题突出，让顾客一目了然。

图 5-1-1

5.1.1　操作步骤

　　1．制作网店标志

　　1）按 Ctrl+N 组合键，新建一个文件，宽 500 像素、高 500 像素，分辨率为 72 像素/英寸，颜色模式为 RGB，背景内容为白色，标题为"主图"（图 5-1-2）。

　　2）新建图层并将其命名为"红条纹"，选择矩形选框工具，绘制如图 5-1-3 所示形状。

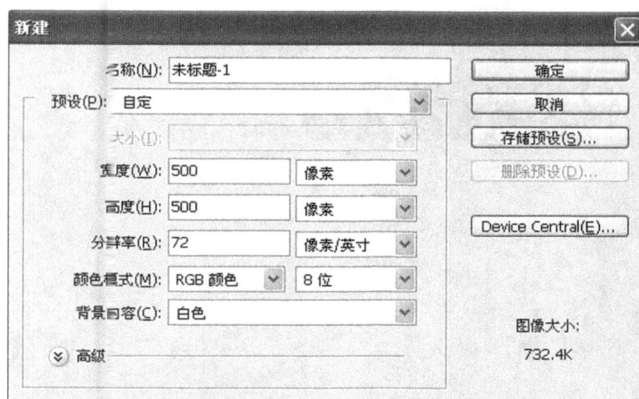

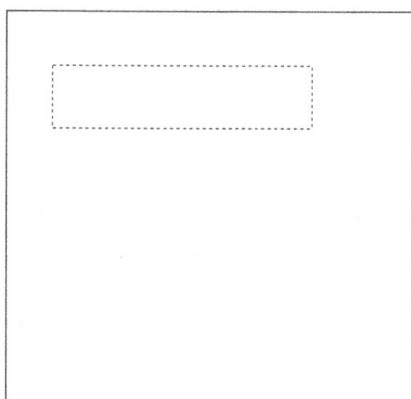

图 5-1-2　　　　　　　　　　　　　　　　图 5-1-3

3）选择渐变工具 ，单击属性栏中的渐变颜色块 ，弹出"渐变编辑器"对话框，在"位置"文本框内输入 0、48、100 三个位置点，分别设置 3 个位置点颜色为（RGB：226，5，5）（图 5-1-4）、（RGB：192，0，0）（图 5-1-5）（RGB：226，5，5）（和 0 位置相同），单击"确定"按钮。在属性栏中选择"线性渐变"选项 ，按住 Shift 键，在选区内从左至右拖曳鼠标，效果如图 5-1-6 所示。

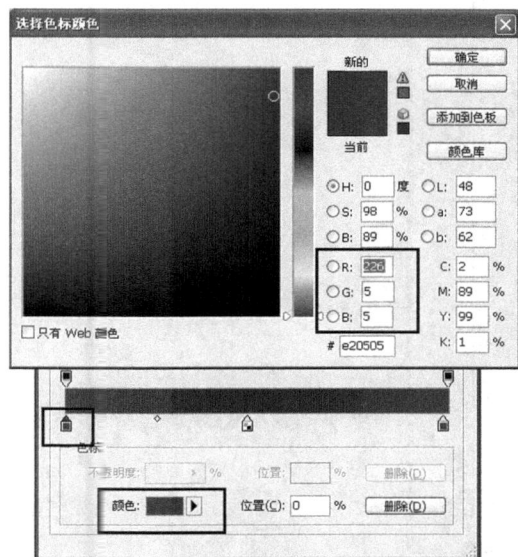

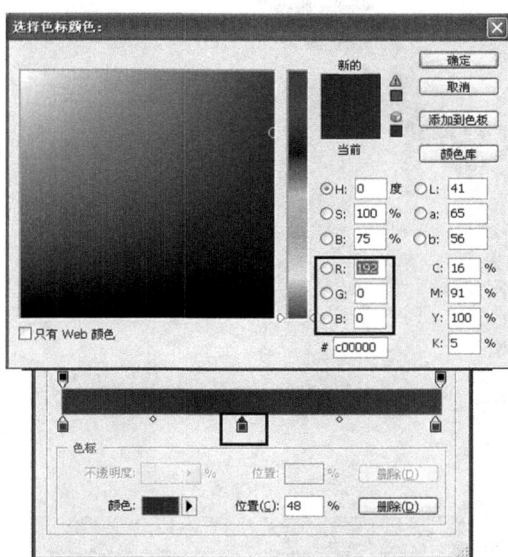

图 5-1-4　　　　　　　　　　　　　　　　图 5-1-5

图 5-1-6

4）按 Ctrl+T 组合键，对选区进行自由变换，最终将红条纹调整为图 5-1-7 所示。按 Ctrl+D 组合键取消选区，最终在"图层"面板形成如图 5-1-8 所示效果。

图 5-1-7

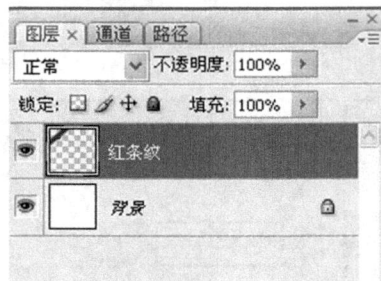

图 5-1-8

5）打开素材"生活邦 logo"，按住 Ctrl 键单击图层缩览图，形成如图 5-1-9 的选区，利用移动工具 ，将生活邦 logo 移动到"主图"文件中，对生活邦 logo 进行自由变换，在自由变化属性栏中，单击"保持长宽比"按钮 调整其位置，按 Enter 键确定，利用选区工具，选中水滴部分，按 Delete 键删除像素，最终效果如图 5-1-10 所示。

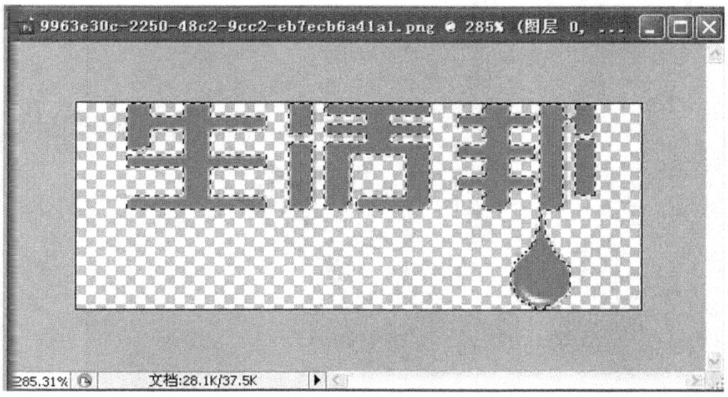

图 5-1-9

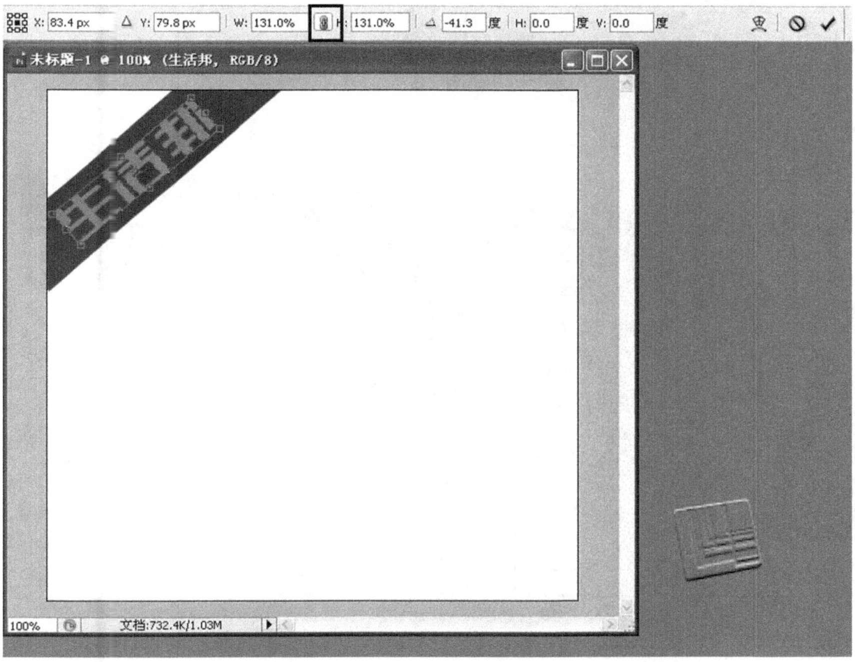

图 5-1-10

6）按住 Ctrl 键，同时单击生活邦 LOGO 图层缩览图，LOGO "生活邦" 形成选区，将选区填充成白色。选中 LOGO "生活邦" 图层，选择 "图层→图层样式→斜面和浮雕" 命令，按照图 5-1-11 所示进行设置。最终效果如图 5-1-12 所示。

2．制作热销标志

1）选择椭圆选框工具 ，按住 Shift+Alt 键拖动鼠标绘制正圆选区，新建图层，重命名为 "圆底"，为正圆选区填充红色（RGB：192，1，0）（图 5-1-13）。最终效果如图 5-1-14 所示。

图 5-1-11　　　　　　　　　　　　　　　　　　图 5-1-12

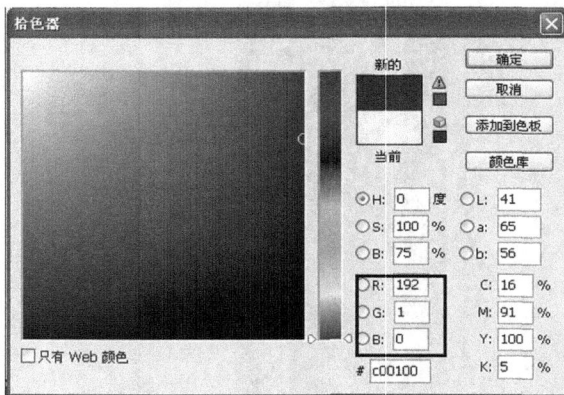

图 5-1-13　　　　　　　　　　　　　　　　　　图 5-1-14

2）选择"圆底"图层，选择"图层→图层样式→混合选项"命令，按照图 5-1-15 和图 5-1-16 所示对投影和描边样式进行设置。

3）新建图层，重命名为"圆"，选择椭圆选框工具 ，按住 Shift+Alt 键拖动鼠标，绘制正圆选区，填充白色。复制"圆图层"，利用自由变换，调整图形大小，效果如图 5-1-17 所示。选中"圆"和"圆副本"两个图层，按 Ctrl+E 组合键合并两个图层，并重命名为"双圆"。

4）选择文字工具 ，输入文字"热销"，文字颜色为白色，调整合适大小。选中文本图层，选择"图层→图层样式→混合选项"命令，按照如图 5-1-18 和图 5-1-19 所示，设置"投影"和"斜面和浮雕"参数值。投影颜色值为（192，1，0），最终效果如图 5-1-20 所示。

图 5-1-15

图 5-1-16

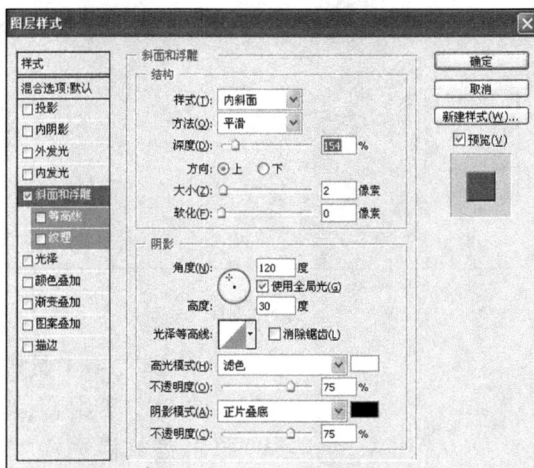

图 5-1-17

图 5-1-18

图 5-1-19

图 5-1-20

5）新建图层，重命名为"黄底"，选择椭圆选框工具，按住 Shift+Alt 键拖动鼠标，绘制一个正圆，将此选区内填充为深黄色（RGB：254，187，8）。选择"图层→图层样式→混合选项"命令，按照如图 5-1-21 和图 5-1-22 所示，设置"投影"、"斜面和浮雕"和"描边"参数值，描边颜色为白色。

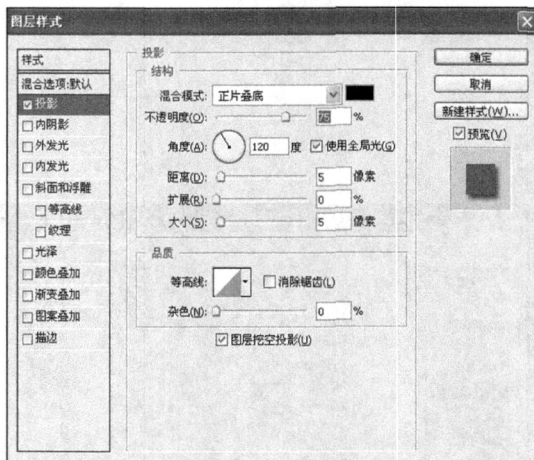

图 5-1-21

图 5-1-22

6）选择文字工具，输入文字"100%热销"，文字颜色字体为白色，按 Ctrl+T 组合键，进行自由变换，旋转文字方向，调整合适大小，单击菜单栏选择"图层-图层样式→混合选项"命令，为文字添加"斜面和浮雕"样式，具体设置数值为图 5-1-23 所示，最终效果如图 5-1-24 所示。选中该文字图层和"黄底"图层，按住 Ctrl+E 键合并并两个图层，最终效果如图 5-1-25 所示。

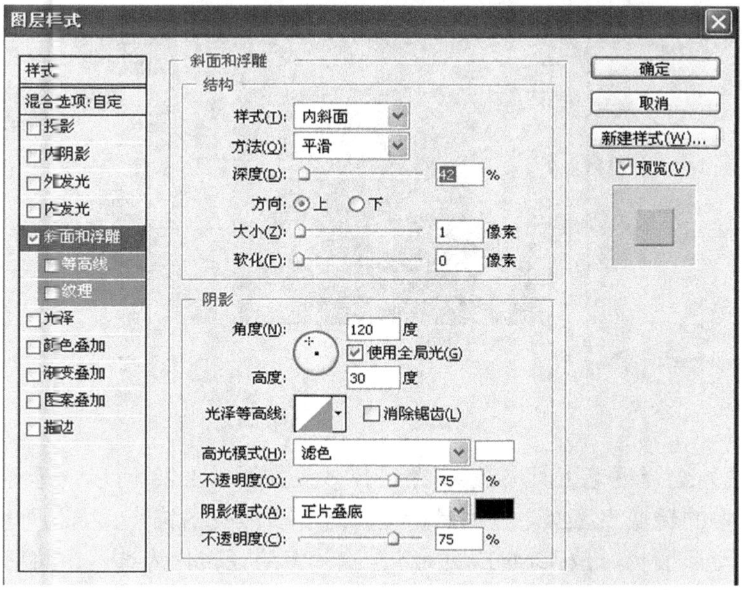

图 5-1-23

图 5-1-24

图 5-1-25

3．制作折角图形

1）选择钢笔工具 ，选中属性栏中的"路径"选项 ，在图像窗口中拖曳鼠标，在画布左下角绘制如图 5-1-26 所示的路径。按 Ctrl+Enter 组合键，将路径转化为选区。新建图层，重命名为"折页底"，设置前景色为红色，如图 5-1-27 所示，为选区填充前景色。

图 5-1-26

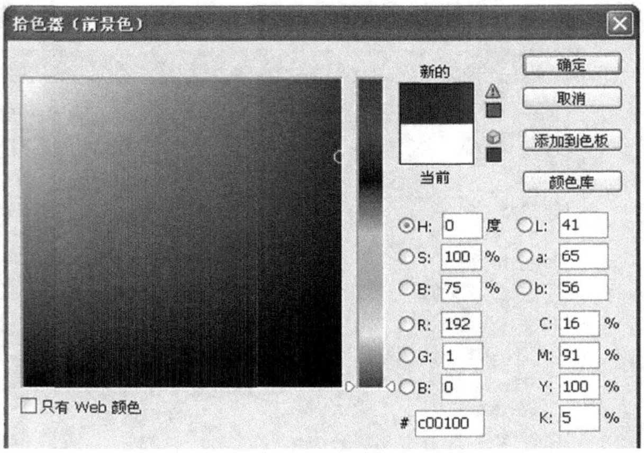

图 5-1-27

　　2）选择钢笔工具 绘制路径，效果如图 5-1-28 所示。选择钢笔工具中的转换点工具，按住鼠标左键选择要改变的锚点，拖动平衡杆，调整图形形状，按 Ctrl+Enter 组合键，将路径转化为选区，将前景色设置为灰色（RGB：99，99，99），背景色为白色，选择渐变工具 中的线性渐变，将渐变模式调为背景色与前景色间的渐变，在选区内拖动鼠标，最终效果如图 5-1-29 所示。

图 5-1-28

图 5-1-29

4．添加及处理宝贝图片

　　1）打开素材文件夹"订书机"文件夹中的文件"订书机 1.jpg"，选择钢笔工具 ，选中属性栏中的"路径"选项 ，按照订书机的边缘绘制宝贝路径，然后按 Ctrl+Enter 组合键，将路径转换为选区，如图 5-1-30 所示。

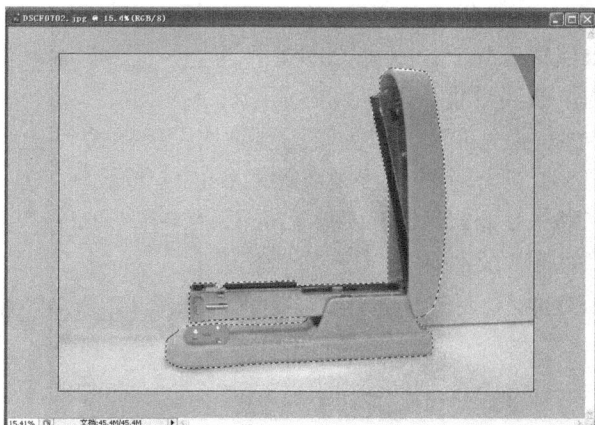

图 5-1-30

2）选择移动工具 ，将"订书机"移动到"主图"文件中，商品图会形成一个新的图层，选中该图层，重命名为"商品 1"，然后按 Ctrl+T 组合键进行自由变换，单击锁定比例按钮 ，等比例调整大小，避免商品图片失真。最终效果如图 5-1-31 所示。

图 5-1-31

3）打开素材文件夹中"订书机"文件夹中的文件"订书机 2.jpg"，利用钢笔工具 ，选中属性栏中的"路径"按钮 ，按照订书机的边缘绘制宝贝路径。按 Ctrl+Enter 组合键，将路径转换为选区，然后将商品图片移动到"主图"文件中，会形成一个新的图层，重命名为

"商品 2"。照片因拍摄问题而存在缺陷，需要将商品照片调节到最完美的状态，以保证不失真，选择"图像→调整→曲线"命令，弹出"曲线"对话框，曲线设置如图 5-1-32 所示。

4）选中图层"商品 2"，为该图层添加图层样式"投影"，具体参数设置如图 5-1-33 所示，最终效果如图 5-1-34 所示。同理，将素材文件夹中"订书机 3.jpg"、"订书机 4.jpg"、"订书机 5.jpg"按照同样方法插入到"主图"文件中。

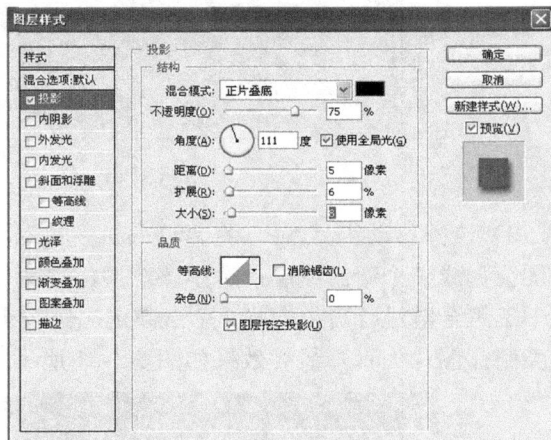

图 5-1-32   图 5-1-33

图 5-1-34

5）关闭除"商品 1"之外的所有商品图层的显示，如图 5-1-35 所示，保存为"主图-订书机 1.jpg"，按照同样的方法按顺序保存剩余的四张订书机主图。五张主图制作完毕。

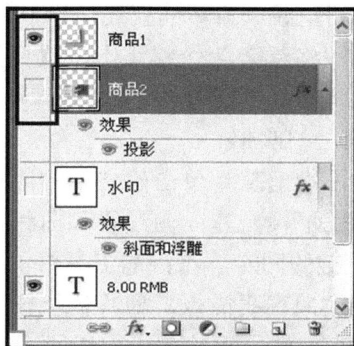

图 5-1-35

5.1.2　相关工具

1. 钢笔工具

（1）基本信息

在 Photoshop CS3 中，钢笔工具用来创建路径或形状，创建路径后，还可再编辑。钢笔工具属于矢量绘图工具，其优点是可以勾画平滑的曲线，在缩放或者变形之后仍能保持平滑效果。钢笔工具画出来的矢量图形称为路径，路径是矢量的路径允许是不封闭的开放状，如果把起点与终点重合绘制就可以得到封闭的路径。选择工具箱中钢笔工具，或按 Shift+P 组合键，其属性栏如图 5-1-36 所示。

图 5-1-36

按住 Shift 键创建锚点时，将强制系统以 45°或 45°的倍数绘制路径。按住 Alt 键，当钢笔工具的光标移到锚点上时，即暂时转换为"转换点工具"。按住 Ctrl 键，钢笔工具暂时转换为直接选择工具。

（2）绘制直线条

建立一个新的图像文件，选择钢笔工具，在钢笔工具属性栏中单击"路径"按钮，使用钢笔工具绘制的将是路径。如果选中"形状图层"选项，则绘制出形状图层。勾选"自动添加/删除"复选框，钢笔工具的属性栏如图 5-1-37 所示。

图 5-1-37

在图像的任意位置单击，创建一个锚点，将鼠标指针移动到其他位置再单击，创建第 2 个锚点，此时两个锚点之间自动以直线进行连接，再将鼠标指针移动到其他位置单击，创建第 3 个锚点，这是在第 2 个和第 3 个锚点之间生成一条新的直线路径，如图 5-1-38 所示。将鼠标指针移至第 2 个锚点上，鼠标指针暂时转换成删除锚点工具，在锚点上单击，即可将第 2 个锚点删除。

（3）绘制曲线

使用钢笔工具单击建立新的锚点并按住鼠标左键不放，拖曳鼠标，建立曲线段和曲线锚点，释放鼠标，按住 Alt 键的同时，用钢笔工具单击刚建立的曲线锚点，将其转换为直线锚点，如其他位置再次单击建立新的锚点，可在曲线段后绘制出直线段。

2．自由钢笔工具

选择自由钢笔工具，对其属性栏进行设置，如图 5-1-39 所示。

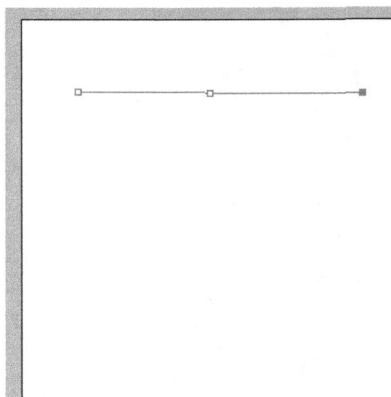

图 5-1-38

图 5-1-39

在蓝色气球的上方单击以确定最初的锚点，然后沿图像小心地拖曳鼠标并单击以确定其他的锚点，如图 5-1-40 所示。如果在选择中存在误差，只需使用其他的路径工具对路径进行修改和调整，就可以补救，如图 5-1-41 所示。

图 5-1-40   图 5-1-41

3．添加锚点工具

将钢笔工具的光标移动到建立好的路径上，如图 5-1-42 所示，若当前此处没有锚点，则钢笔工具转换成添加锚点工具，在路径上单击即可添加一个锚点，效果如图 5-1-43 所示。添加锚点后按住鼠标左键不放并向上拖曳鼠标，可建立曲线段和曲线锚点，效果如图 5-1-44所示。

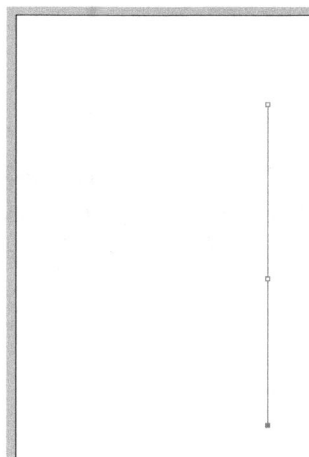
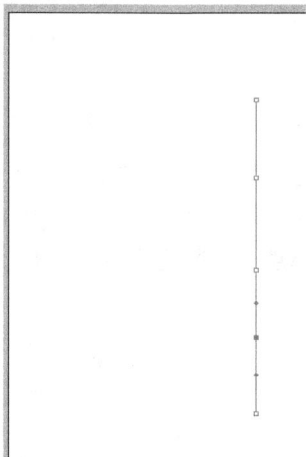
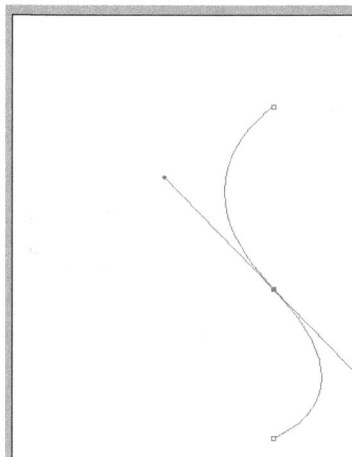

图 5-1-42 图 5-1-43 图 5-1-44

4．删除锚点工具

删除锚点工具用于删除路径上已经存在锚点。将钢笔工具 ✎ 放到路径上的锚点上，则钢笔工具 ✎ 转换成删除锚点工具 ✎ ，单击锚点即可将其删除。

5．转换点工具

按住 Shift 键拖曳其中的一个锚点，将强迫控制手柄以 45° 或 45°的倍数进行改变，按住 Alt 键的同时拖曳控制手柄，可以任意改变两个控制手柄中的一个控制手柄，而不改变另一个控制手柄的位置。按住 Alt 键的同时拖曳路径中的线段可以将路径进行复制。

使用钢笔工具在图像中绘制三角形路径，如图 5-1-45 所示，当要闭合路径时，鼠标指针变为图标，单击既可以闭合路径，完成三角形路径的绘制，如图 5-1-46 所示。

图 5-1-45

图 5-1-46

选择转换点工具 ⟨⟩，将鼠标指针放在上角的锚点上，单击锚点并将其向右上方拖曳，形成曲线锚点，使用相同的方法将三角形右上角的锚点转换为曲线锚点。绘制完成后，桃心形路径效果如图 5-1-47 所示。

图 5-1-47

6．选区和路径的转换

（1）将选区转换为路径

在图像上绘制选区，如图 5-1-48 所示，单击"路径"控制面板右上方的图标 ▾☰，在弹出的菜单中选择"建立工作路径"命令，弹出"建立工作路径"对话框，在对话框中，应用"容差"选项设置转换时的误差允许范围，数值越小越精确，路径上的关键点也越多。如果要编辑生成的路径，此处将"容差"设定为 2，如图 5-1-49 所示，单击"确定"按钮，将选区转换成路径，效果如图 5-1-50 所示。

图 5-1-48

图 5-1-49

图 5-1-50

单击"路径"面板下方的"从选区生成工作路径"按钮

，也可以将选区转换成路径。

（2）将路径转换为选区

在图像中创建路径，如图 5-1-51 所示，单击"路径"控制面板右上方的图标，在弹出的下拉菜单中选择"建立选区"命令，弹出"建立选区"对话框，如图 5-1-52 所示。设置完成后单击"确定"按钮，将路径转换成选区，效果如图 5-1-53 所示。

单击"路径"控制面板下方的"将路径作为选区载入"按钮，也可以将路径转换成选区。

图 5-1-51

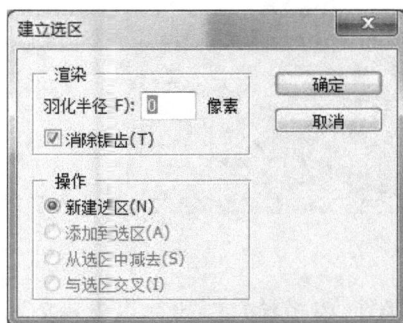

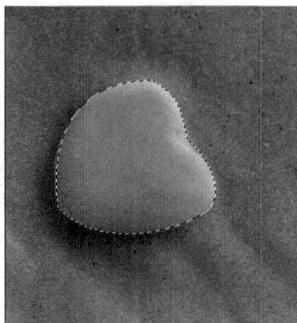

图 5-1-52

图 5-1-53

7．描边路径

在图像中创建路径，如图 5-1-54 所示。单击"路径"控制面板右上方的图标，在弹出的菜单中选择"描边路径"命令，弹出"描边路径"对话框，选择"工具"下拉列表中的"画笔"工具，如图 5-1-55

所示，此下拉表列中共有 15 中工具可供选择，如果当前在工具箱中已经选择了画笔工具，则该工具将自动地设置在此处。另外，在画笔属性中设定的画笔类型也将直接影响此处的描边效果，设置好后单击"确定"按钮，描边路径的效果如图 5-1-56 所示。

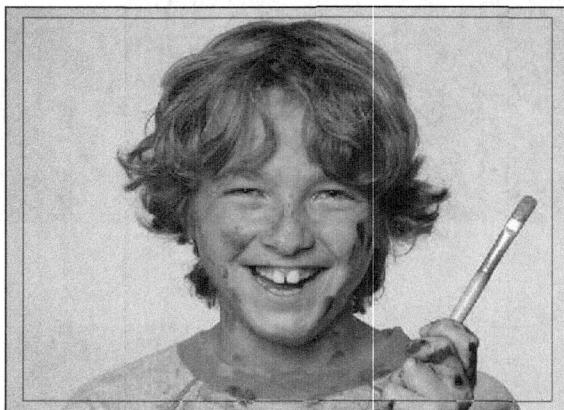

图 5-1-54

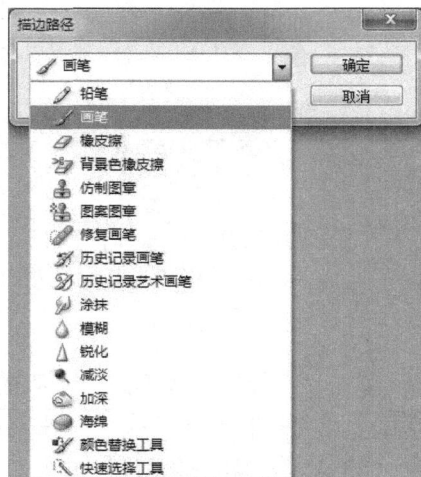

图 5-1-55

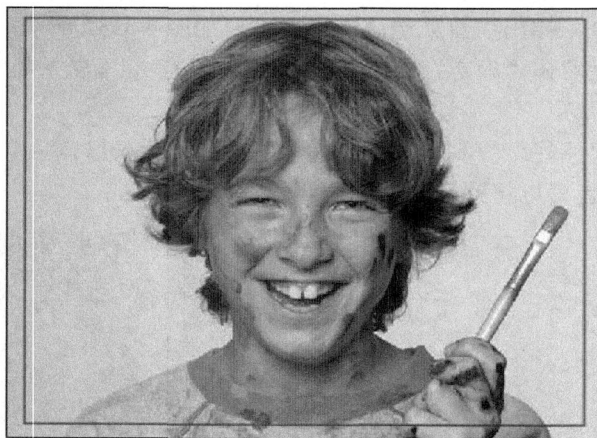

图 5-1-56

单击"路径"面板底部的"用画笔描边路径"按钮，也可描边路径。按住 Alt 键，单击"用画笔描边路径"按钮，将弹出"描边路径"对话框，设置需要的描边选项。

8．填充路径

在图像中创建路径，如图 5-1-57 所示，单击"路径"面板右上方的图标，在弹出的菜单中选择"填充路径"命令，弹出"填充路径"对话框，如图 5-1-58 所示。设置完成后单击"确定"按钮，用前景色填充路径的效果如图 5-1-59 所示。

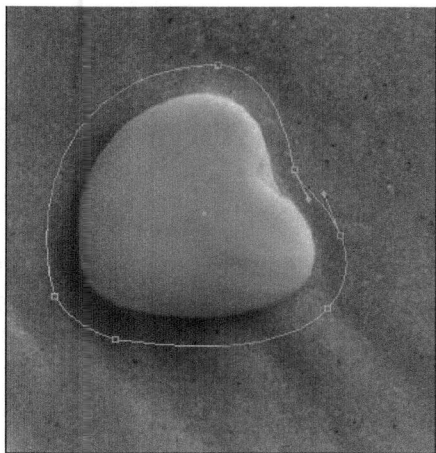

图 5-1-57

图 5-1-58

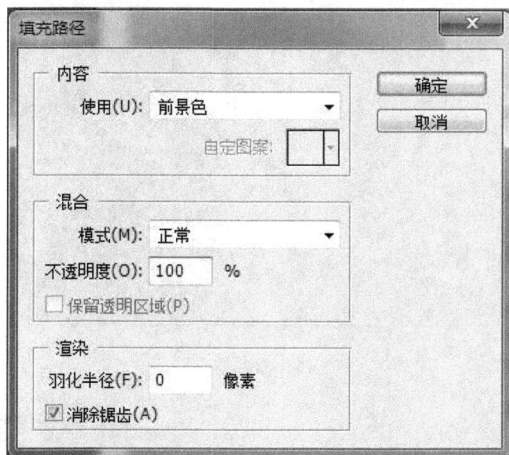

图 5-1-59

9．亮度/对比度

原姞图像效果如图 5-1-60 所示，选择"图像→调整→亮度/对比度"命令，弹出"亮度/对比度"对话框，如图 5-1-61 所示，在对话框中可以通过拖曳滑块来调整图像的亮度和对比度，单击"确定"按钮，调整后的图像效果如图 5-1-62 所示。"亮度/对比度"命令调整的是整个图像的色彩效果。

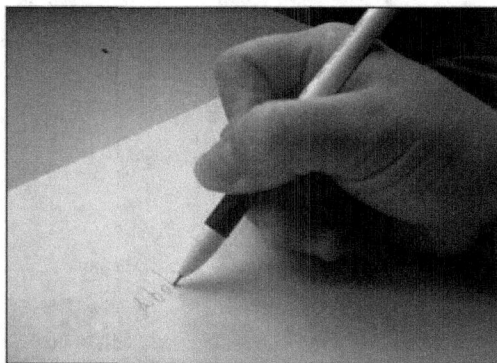

图 5-1-60   图 5-1-61

图 5-1-62

10．色相/饱和度

原始图像效果如图 5-1-63 所示，选择"图像→调整→色相/饱和度"命令，或按 Ctrl+U 组合键，弹出"色相/饱和度"对话框，在对话框中进行设置，如图 5-1-64 所示。单击"确定"按钮，调整效果如图 5-1-65所示。

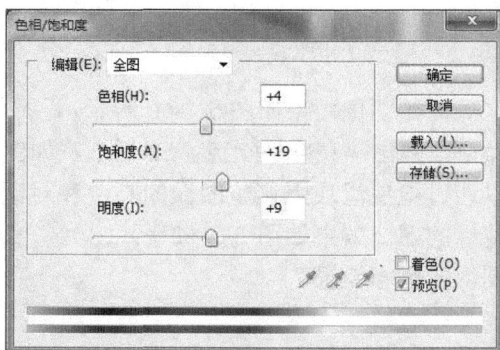

图 5-1-63   图 5-1-64

图 5-1-65

在"色相/饱和度"对话框中，"编辑"下拉列表用于选择要调整的色彩范围，可以通过拖曳各选项中的滑块来调整图像的色相、饱和度和明度。"着色"复选框用于在由灰度模式转化而来的色彩模式图像中添加需要的颜色。

原姓图像效果如图 5-1-66 所示，在"色相/饱和度"对话框中进行设置，勾选"着色"复选框，如图 5-1-67 所示，单击"确定"按钮后图像效果如图 5-1-68 所示。

图 5-1-66

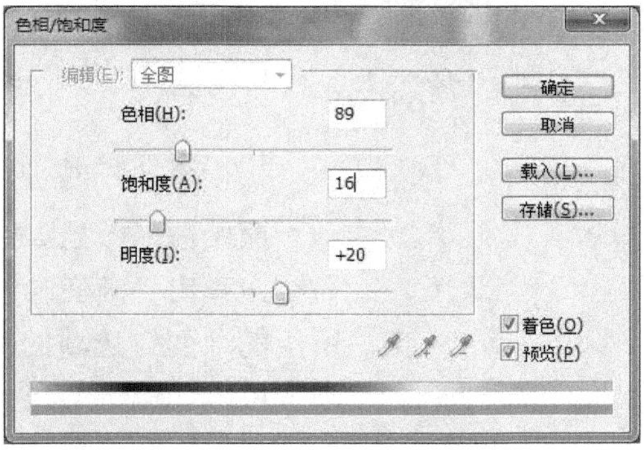

图 5-1-67

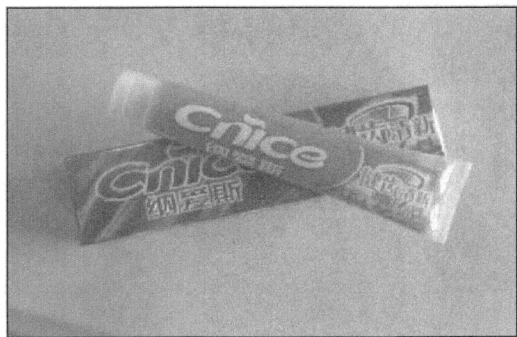

图 5-1-68

11．通道混合器

原始图像效果如图 5-1-69 所示，选择"图像→调整→通道混合器"命令，弹出"通道混合器"对话框，在对话框中进行设置，如图 5-1-70 所示，单击"确定"按钮，图像效果如图 5-1-71 所示。

在"通道混合器"对话框中，"输出通道"复选框用于选取要修改的通道。在"源通道"选项组中，通过拖曳滑块来调整图像颜色效果。"单色"复选框用于创建灰度模式的图像。

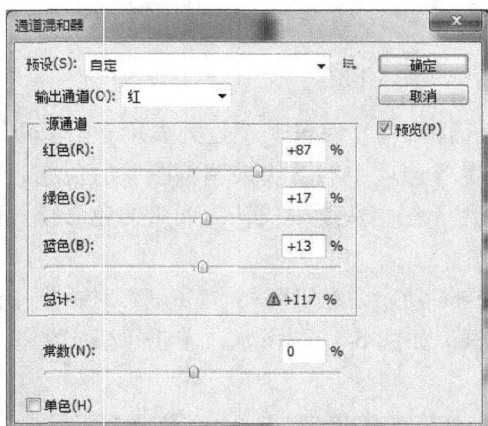

图 5-1-69　　　　　　　　　　图 5-1-70　　　　　　　　　　图 5-1-71

12．渐变映射

原始图像效果如图 5-1-72 所示，选择"图像→调整→渐变映射"命令，弹出"渐变映射"对话框，如图 5-1-73 所示。单击"灰度映射所用的渐变"选项的颜色块，在弹出的"渐变编辑器"对话框中设置渐变色，如图 5-1-74 所示。单击"确定"按钮，图像效果如图 5-1-75 所示。

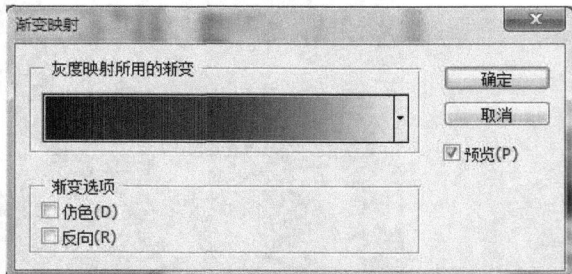

图 5-1-72　　　　　　　　　　　　　　图 5-1-73

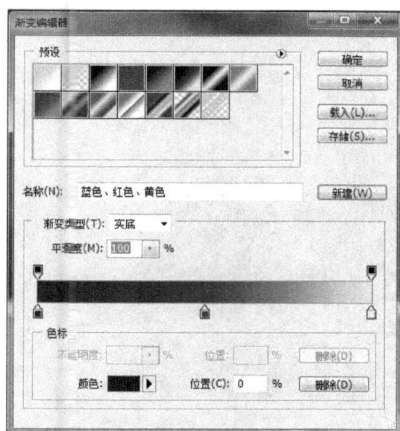

图 5-1-74   图 5-1-75

在"渐变映射"对话框中,"灰度映射所用的渐变"选项用于选择不同的渐变形式;"仿色"复选框用于转变色阶后增加仿色;"反向"复选框用于将转变色阶后的图像颜色反转。

13.调整图层

当需要对一个或多个图层进行色彩调整时,选择"图层→新建调整图层"命令,或单击"图层"面板下方的"创建新的填充或调整图层"按钮 ◎.,弹出调整图层下拉菜单,如图 5-1-76 所示。以调整"色阶"为例,在如图 5-1-77 所示的"色阶"对话框中进行设置,然后单击"确定"按钮,"图层"面板和图像效果如图 5-1-78 和图 5-1-79 所示。

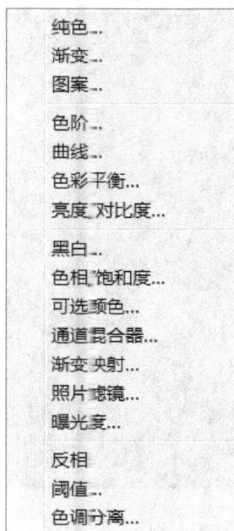

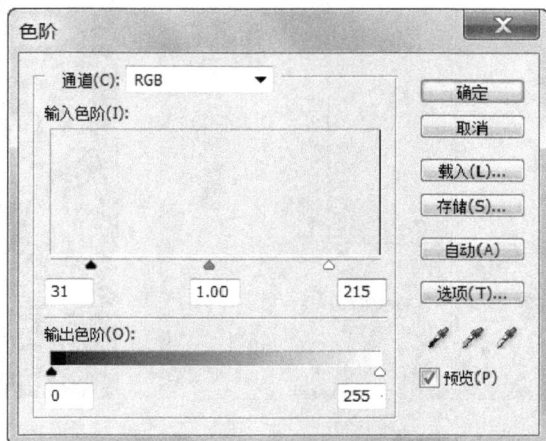

图 5-1-76   图 5-1-77

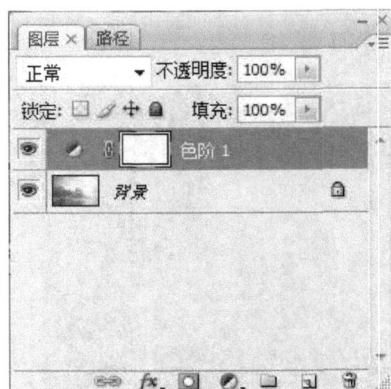

图 5-1-78

图 5-1-79

14．曲线

"曲线"命令可以通过调整图像色彩曲线上任意一个像素点来改变图像的色彩范围。下面介绍具体操作。

打开一幅图像，选择"图像→调整→曲线"命令，或按 Ctrl+M 组合键，弹出"曲线"对话框，如图 5-1-80 所示。在图像中单击，如图 5-1-81 所示，"曲线"对话框的曲线中会出现一个小方块，它用来表示刚才在图像中单击处的像素值，效果如图 5-1-82 所示。

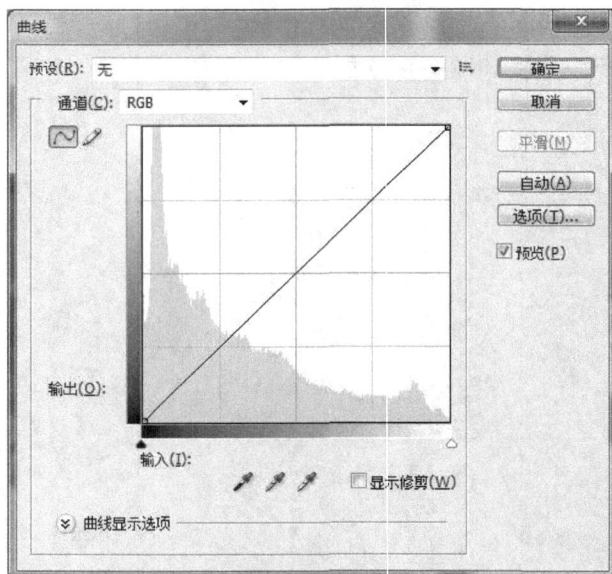

图 5-1-80

图 5-1-81

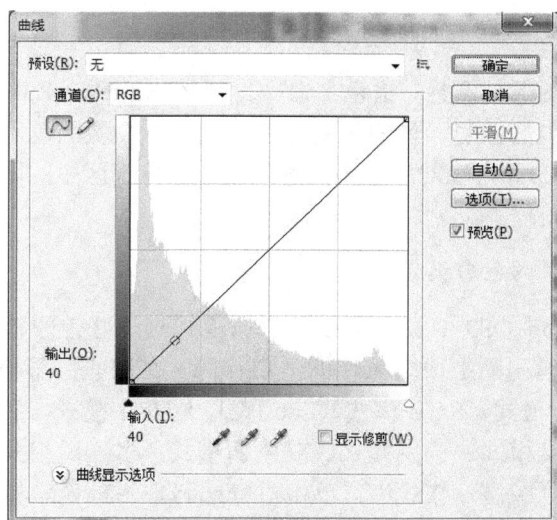

图 5-1-82

在"曲线"对话框中，"通道"下拉列表用于选择调整图像的颜色通道。

在曲线框中，X 轴表示色彩的输入值，Y 轴表示色彩的输出值。曲线代表了输入和输出色阶的关系。

在曲线上单击，可以增加控制点，按住鼠标左键拖曳控制点可以改变曲线的形状，拖曳控制点到图标外将删除控制点。单击图标左上角的"通过绘制来修改曲线"按钮，可绘制出任意形状的曲线，单击右侧的"平滑"按钮可以使曲线变得平滑。按住 Shift 键可以绘制出直线。

输入和输出数值显示的是图标中鼠标指针所在位置的亮度值。单击"自动"按钮可自动调整图像的亮度。

调整曲线后的设置如图 5-1-83 所示，图像效果如图 5-1-84 所示。

图 5-1-83

图 5-1-84

15．去色

选择"图像→调整→去色"命令，或按 Shift+Ctrl+U 组合键，可以去掉图像中的色彩，使图像变为灰度图，但图像的色彩模式并不改变。"去色"命令可以对图像中的选区使用，将选区中的图像进行去掉图像色彩的处理。

16．图像的色彩模式

Photoshop CS3 中提供了多种色彩模式，这些色彩模式是图片能够在屏幕和印刷品上成功表现的重要保障。在这些色彩模式中，常用的有 CMYK 模式、RGB 模式、Lab 模式及 HSB 模式。另外们还有索引模式、灰度模式、位图模式、双色调模式、多通道模式等。这些模式都可以在"图像→模式"菜单中进行选择，每种色彩模式都有不同的色域，并且各个模式之间可以转换。下面简要介绍常用的几种色彩模式。

（1）CMYK 模式

CMYK 代表印刷商用的 4 种油墨颜色：C 代表青色，M 代表洋红色，Y 代表黄色，K 代表黑色。CMYK 颜色控制面板如图 5-1-85 所示。

CMYK 模式在印刷时应用了色彩学中的减法混合原理，即减色色彩模式，它是图片、插图和 Photoshop 作品中比较常用的一种印刷方式。由于在印刷中通常都要进行四色分色，因此需要出四色胶皮，然后再进行印刷。

（2）RGB 模式

与 CMYK 不同，RGB 模式是一种加色模式，它通过红、绿、蓝 3 种色光相叠加而形成更多的颜色。RGB 是色光的彩色模式，一幅 24 位的 RGB 图像有 3 个色彩信息的通道：红色（R）、绿色（G）、蓝色（B）。RGB 颜色控制面板如图 5-1-86 所示。

每个通道都有 8 位的色彩信息，即一个 0～255 的亮度值色域。也就是说每一种色彩都有 256 个亮度水平级。3 种色彩相叠加可以有 256*256*256=1670 万种可能的颜色。这 1670 万种颜色足以表现绚丽多彩的世界。

在 Photoshop CS3 中编辑图像时，RGB 模式应是最佳的选择。因为它可以提供全屏幕的多达 24 位的色彩范围，一些计算机领域的色彩专家称之为"True Color（真色彩）"显示。

（3）灰度模式

灰度图又叫 8 位深度图，每个像素用 8 个二进制位表示，能产生 2^8（即 256）级灰色调。当一个色彩文件被转换为灰度模式的文件时，所有的颜色信息都将从文件中丢失。尽管 Photoshop CS3 允许将一个灰度文件转换为彩色模式文件，但不可能将原来的颜色完全还原。所以，当要转换灰度模式时，应先做好图像的备份。

与黑白照片一样，一个灰度模式的图像只有明暗值，没有色相和饱和度这两种颜色信息。0%代表白，100%代表黑。期中的 K 值用于衡量黑色油墨的用量，颜色控制面板如图 5-1-87 所示。

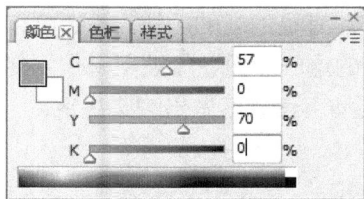

图 5-1-85

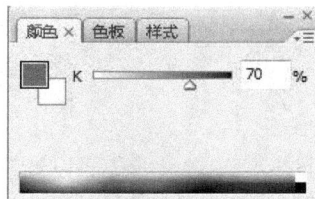

图 5-1-86

图 5-1-87

5.1.3 实战演练

使用钢笔工具、图层样式命令、渐变工具以及文字工具制作转笔刀商品主图，其中促销标志"爆"字底纹为利用多边形工具制作的红色锯齿形状。最终效果如图 5-1-88 所示。

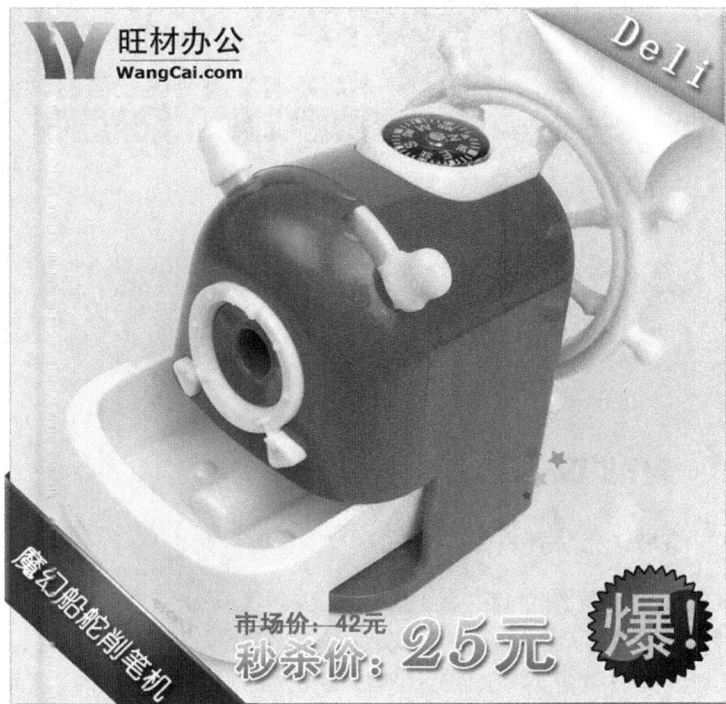

图 5-1-88

任务 5.2 商品描述——促销区设计

案例分析

顾客浏览商品主图后，仍然不能对商品有更清晰的了解，那么顾客就会查看详细描述。商品描述与主图之间的这一版面一般被用来作为促销区，希望通过这一区域的设计令顾客心动，使顾客做出购买决定。

设计理念

如图 5-2-1 所示是网店"生活邦"的促销区的促销效果图。这一促销图采用了动态设计的方法，通过"秒"字的放大缩小，给顾客视觉上的冲击感，可以提升顾客的关注率。淡蓝色的栏目条又与红色促销标志形成强烈的颜色差，带给顾客另一种的视觉冲击。

图 5-2-1

5.2.1 操作步骤

1. 添加促销装饰图形

1）按 Ctrl+N 组合键，新建一个文件，宽 710 像素，高 533 像素，分辨率为 72 像素/英寸，颜色模式为 RGB，背景内容为白色（图 5-2-2）。

2）设置前景色为（RGB：240，240，240），如图 5-2-3 所示，填充文件背景为前景色。在文件内利用矩形选框工具 ▥ 绘制选区，效果如图 5-2-4 所示。然后新建图层，重命名为"白背景"，将选区填充为白色。

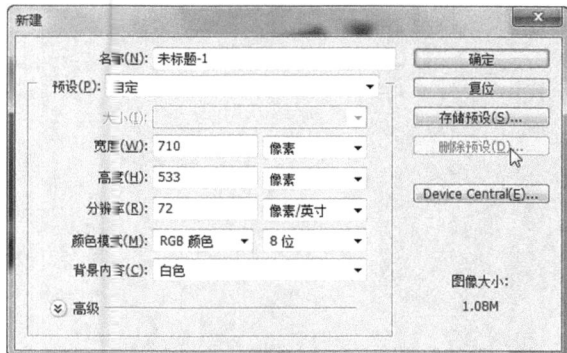

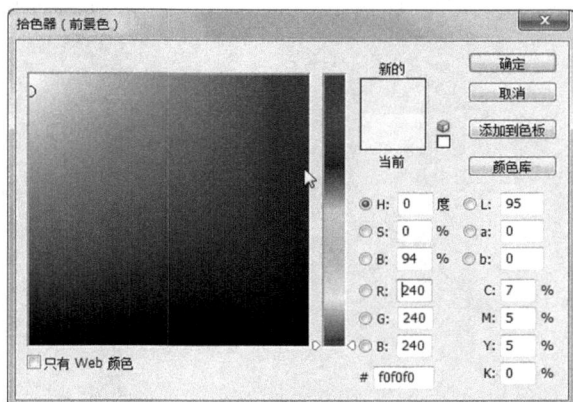

图 5-2-2   图 5-2-3

图 5-2-4

3）在图片的左上角，利用钢笔工具绘制路径，按 Ctrl+Enter 组合键，将路径转化为选区，如图 5-2-5 所示。然后新建图层，重命名为"三角形"。

4）将前景色设置为（RGB：250，51，51），如图 5-2-6 所示，将背景色设置为（RGB：194，18，18），如图 5-2-7 所示。利用渐变工具，模式为"前景到背景"，选择线性渐变，由左下到右上的方向拖动鼠标，并在促销标志上输入促销文字，调整文字大小，最终效果如图 5-2-8 所示。

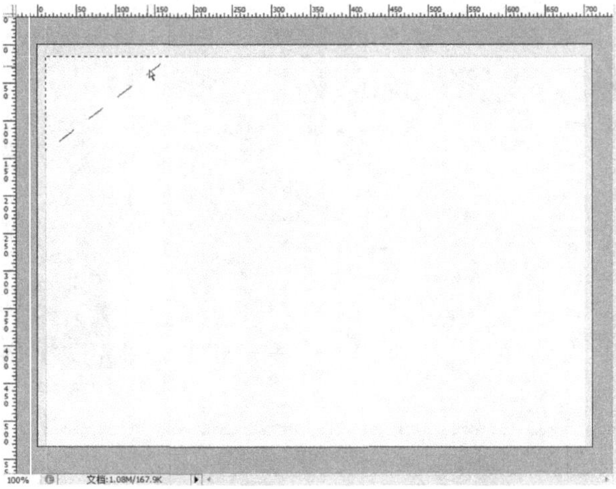

图 5-2-5

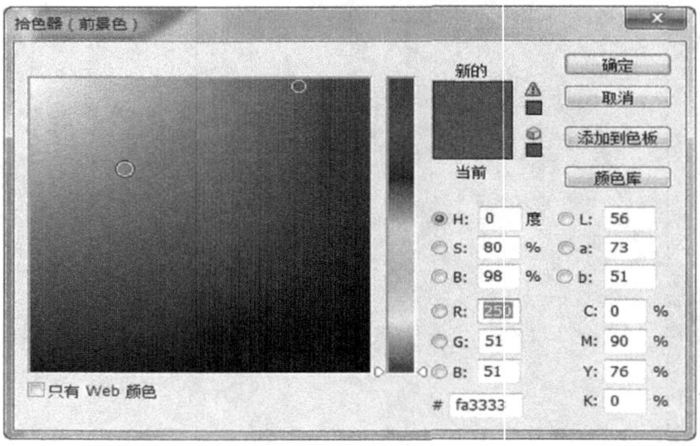

图 5-2-6

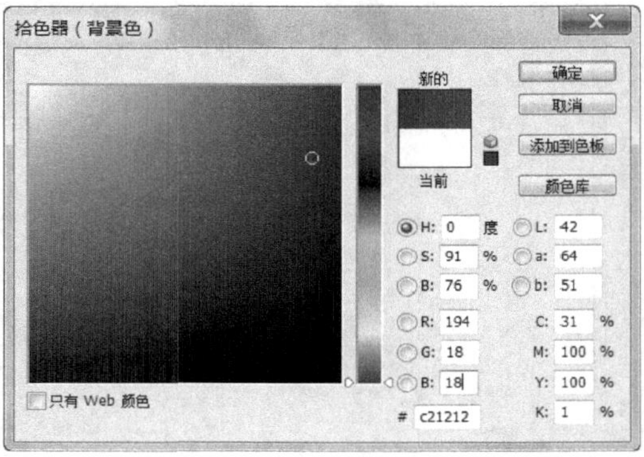

图 5-2-7

图 5-2-8

5）选中"三角形"图层，选择"图层→图层样式→投影"命令，为该图层添加投影效果，具体参数设置如图 5-2-9 所示。

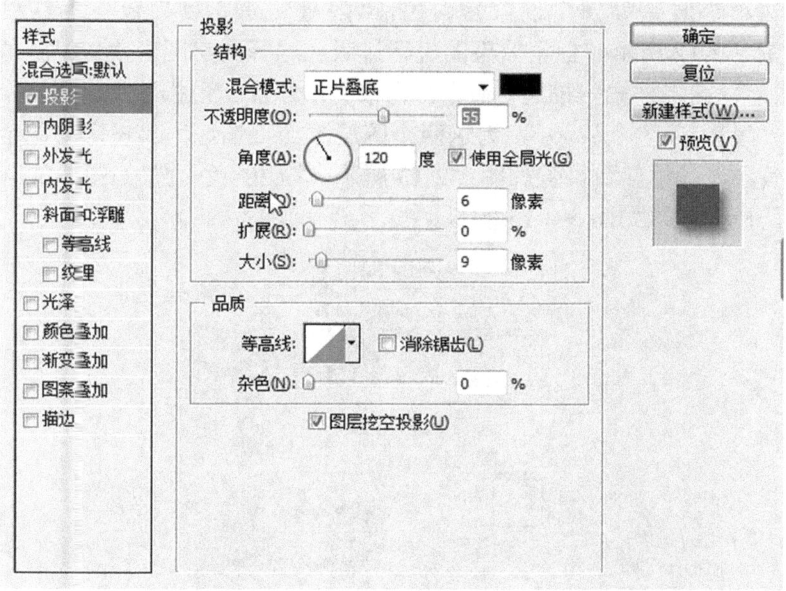

图 5-2-9

2. 添加促销文字

1）选择自定义形状工具 ，在属性栏中选择"形状图层"选项 ，单击"形状"右侧下拉按钮，在下拉列表中选择"会话 1"形状，绘制形状，并将该图层重命名为"消息框"，最终效果如图 5-2-10 所示。

图 5-2-10

2）选择文字工具 T，字体设置为"黑体"，然后按照如图 5-2-11
所示图层顺序输入相应的文字："120、小时、疯狂、限量 杀、秒"，
"120、小时、疯狂"设置为白色，"限量 杀、秒"设置为红色，
如图 5-2-12 所示，根据效果图进行排版。选择文字图层"120"，选择
"图层→图层样式→描边"命令，为该文字添加白色描边。选择文字图
层"限量 杀"和"秒"，为这两个图层添加"描边"、"投影"图层样
式效果，具体参数设置如图 5-2-13 所示。描边颜色设置如图 5-2-14 所
示，投影设置如图 5-2-15 所示。

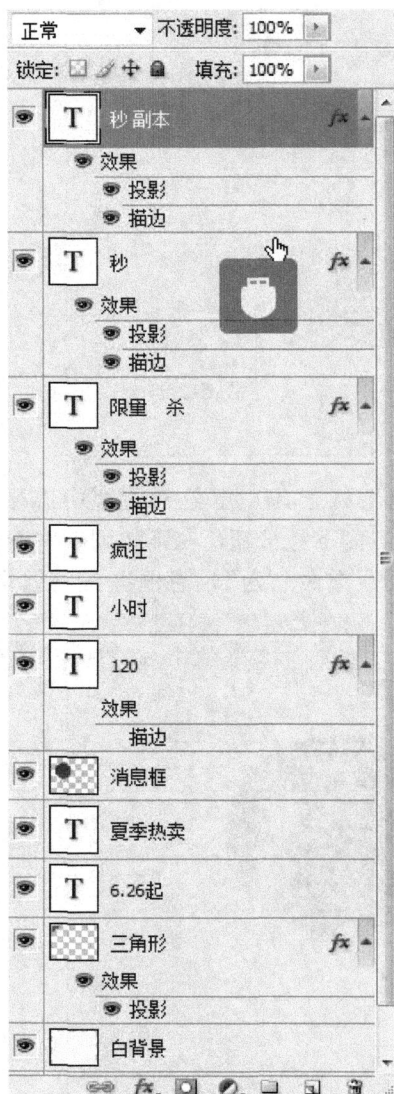

图 5-2-11

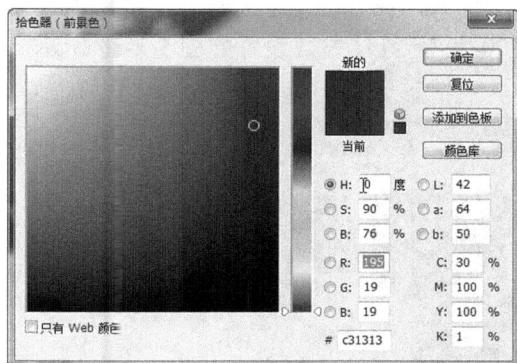

图 5-2-12

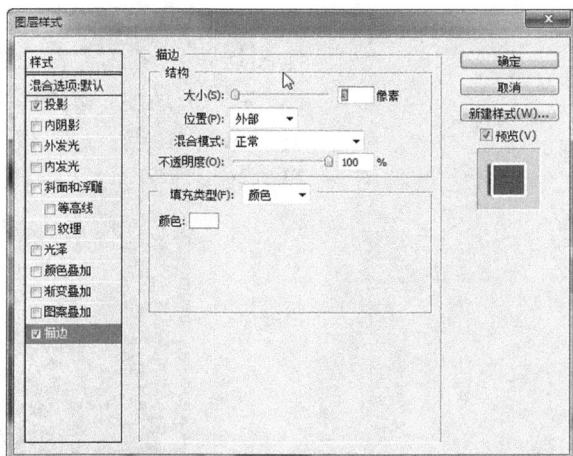

图 5-2-13

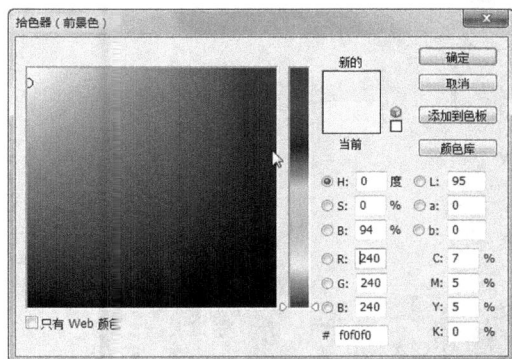

图 5-2-14

图 5-2-15

3）复制文字图层"秒"，生成"秒 副本"图层，选择文字工具，调整文字大小，具体参数设置如图 5-2-16 所示。最终效果如图 5-2-17 所示。

图 5-2-16

图 5-2-17

4）选择矩形选框工具，在文字"限量秒杀"下绘制矩形，新建图层，重名为"红色矩形"，为该选区填充为红色，颜色设置如图 5-2-18 所示，选择文字工具，在红色矩形上输入文字"连续 5 天　每天 10 点　每天仅限 100 件"，具体参数设置如图 5-2-19 所示，最终效果如图 5-2-20 所示。

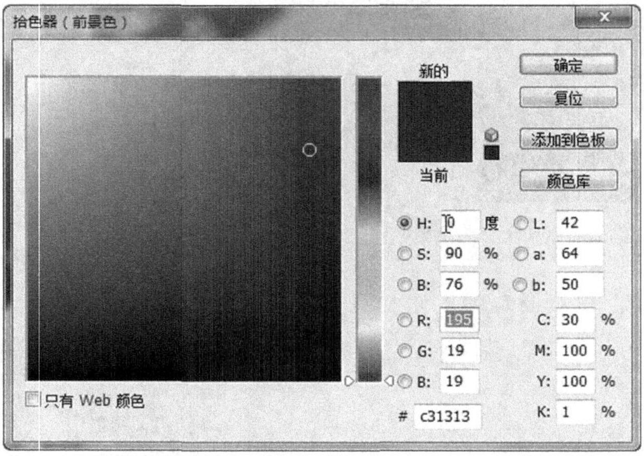

图 5-2-18

图 5-2-19

图 5-2-20

3．绘制栏目条

1）新建图层，并重命名为"栏目条底"；选择矩形选框工具，绘制长方形选区，选择"选择→修改→平滑"命令，弹出"平滑选区"

对话框，具体设置如图 5-2-21 所示，并将选区填充为浅黄色（RGB：237，225，213）。不用去除选区，新建图层，重命名为"栏目条"，选择"选择→修改→收缩"命令，收缩值为 3 像素，选择渐变工具 ，在属性样中选择"对称渐变"选项 ，设置左侧色标卡颜色如图 5-2-22 所示，右侧色标卡颜色如图 5-2-23 所示，由上向下拖动鼠标。选择"栏目条底"图层，添加"投影"图层样式效果，具体参数设置如图 5-2-24 所示，根据标尺调整"栏目条底"和"栏目条"两个图层的位置和大小，最终效果如图 5-2-25 所示。

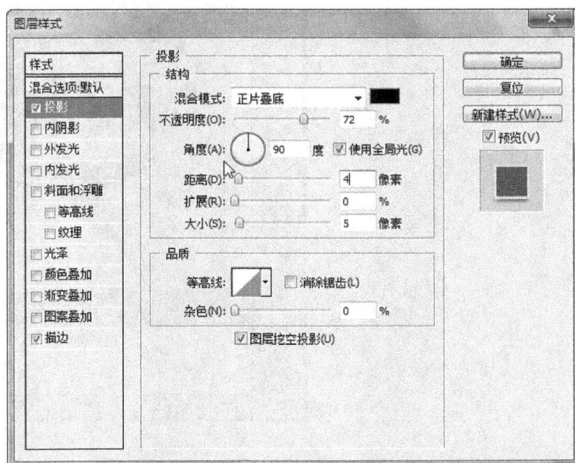

图 5-2-21

图 5-2-22

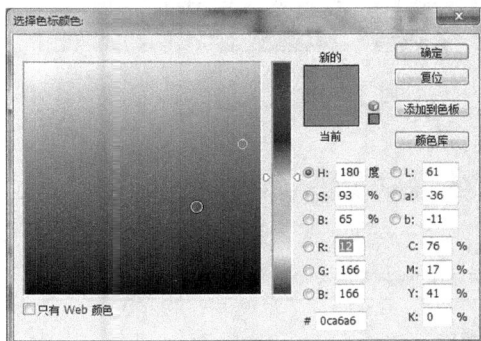

图 5-2-23

图 5-2-24

图 5-3-25

2）在栏目条上输入文字"展示"，字体为黑体，其他选项保留默认设置，根据栏目条设置调整字体大小，如图 5-2-26 所示。

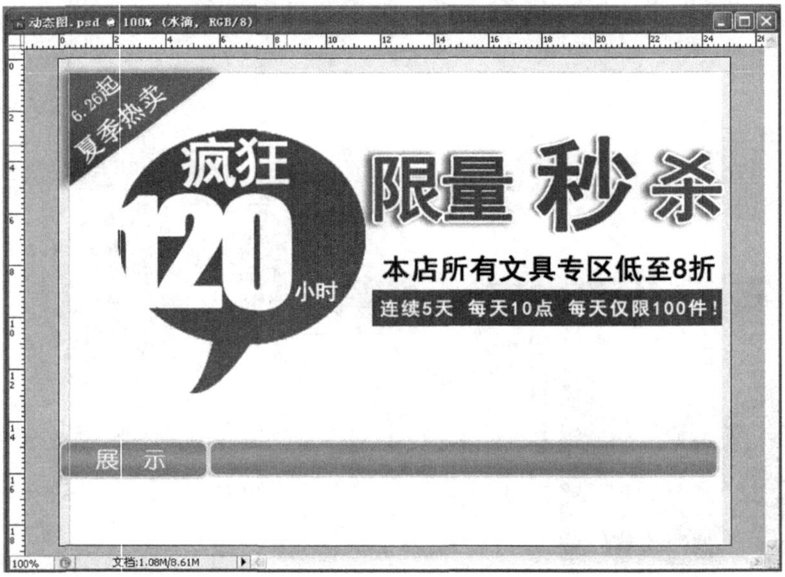

图 5-2-26

3）复制"组 1"中"水滴"图层，生成"水滴副本"，将"水滴副本"拖动到"图层"面板图层列表中最顶端，调整其位置，选择"编辑→变换→变形"命令，调整水滴的位置和大小，复制"组 2"中的"logo"图层，生成"logo 副本"，并移动到栏目条合适位置，最终效果如图 5-2-27 所示。

图 5-2-27

4）选择文字工具 **T**，字体设置为"黑体"，输入文字"Show"，其他选项保留默认设置，按 Ctrl+T 组合键进行自由变换，调整文字位置和大小。选择"Show"文字图层，选择"图层→图层样式→描边"命令，具体参数设置如图 5-2-28 所示。选择"滤镜→素描→绘图笔"命令，具体参数设置如图 5-2-29 所示，最终效果如图 5-2-30 所示。

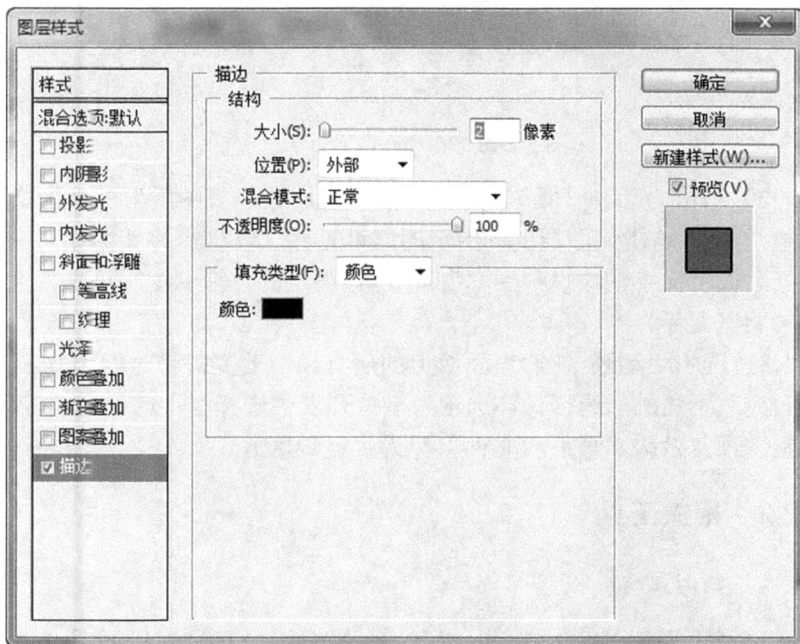

图 5-2-28

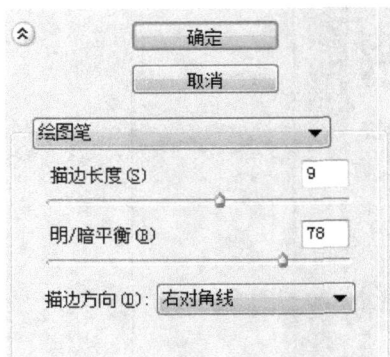

图 5-2-29

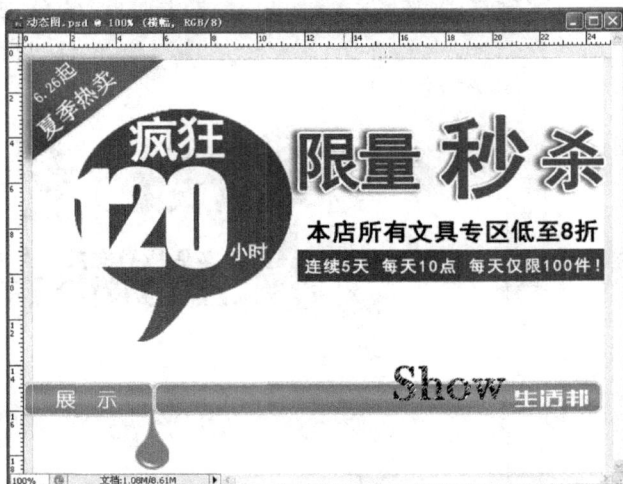

图 5-2-30

4．制作动态效果

1）选择"窗口→动画"命令，调出"动画（帧）"面板，如图 5-2-31 所示，单击面板上的"复制所选帧"按钮 新建第二帧，单击第一帧，选择图层面板上文字图层"秒副本"，单击该图层的"指示图层可见性"按钮 将其关闭。

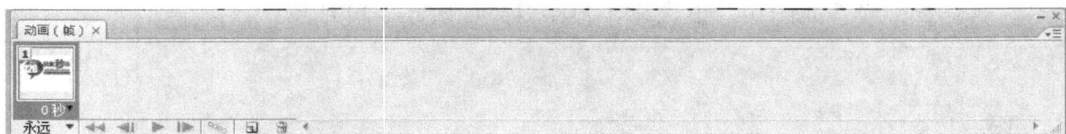

图 5-2-31

2）单击"动画（帧）"面板中第二帧，选择"图层"面板上文字图层"秒"，单击该图层的"指示图层可见性"按钮 将其关闭，选择图层面板上文字图层"秒副本"，单击该图层的"指示图层可见性"按钮 将其显示。

3）选中"动画（帧）"面板上的所有帧，改变每帧时间为 0.2 秒，在面板左下角的"选择循环选项"下拉列表中选择"永远"，单击播放按钮，预览效果。最后将文件保存为"促销区.psd"。

5.2.2　相关工具

1．矩形工具

选择矩形工具 ，或按 Shift+U 组合键，其属性栏如图 5-2-32 所示。

图 5-2-32

📰▾：用于选择创建形状图层，创建工作路径或填充区域。

✎ ✐□○○○＼✍▾：用于选择形状路径工具的种类。

📰📰📰📰📰：用于选择路径的组合方式。

样式：图层风格选项。

颜色：用于设置图形的颜色。

原始图像效果如图 5-2-33 所示。在图像中绘制矩形，效果如图 5-2-34 所示，"图层"面板中的效果如图 5-2-35 所示。

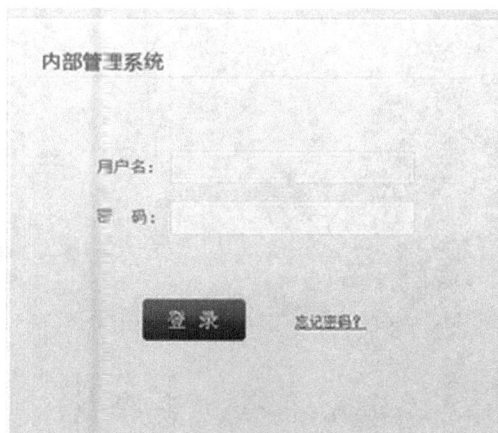

图 5-2-33

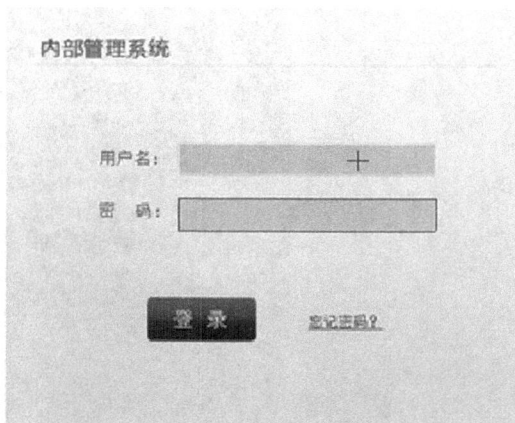

图 5-2-34

图 5-2-35

2．圆角矩形工具

选择圆角矩形工具 ▢，或按 Shift+U 组合键，其属性栏如图 5-2-36

所示。其属性栏中的内容与"矩形"工具类似，只增加了"半径"选项，用于设定圆角矩形的平滑程度，数值越大越平滑。

图 5-2-36

原始图像效果如图 5-2-37 所示。在图像中绘制圆角矩形，效果如图 5-2-38 所示，"图层"面板中的效果如图 5-2-39 所示。

图 5-2-37

图 5-2-38

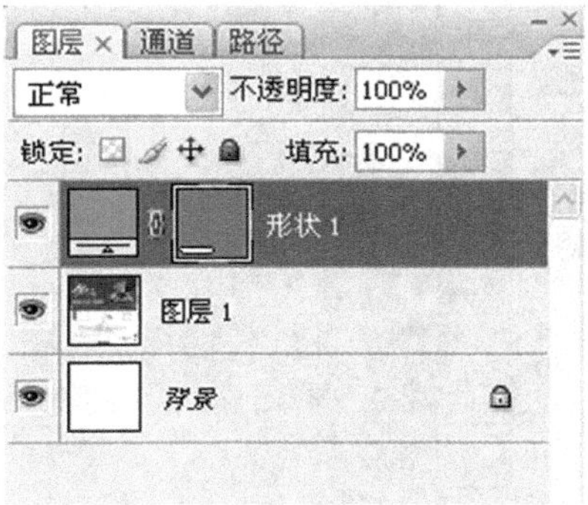

图 5-2-39

3．自定形状工具

选择自定义形状工具 [图标]，或按 Shift+U 组合键，其属性栏如图 5-2-40 所示，其属性栏中的内容与"矩形"工具类似，只增加了"形状"选项，用于选择所需的形状。

图 5-2-40

单击"形状"选项右侧的下拉按钮，弹出"形状"面板，面板中存储了可供选择的各种不规则形状。

原始图像效果如图 5-2-41 所示。在图像中绘制不同的形状图形，效果如图 5-2-42 所示，"图层"面板中的效果如图 5-2-43 所示。

图 5-2-41   图 5-2-42

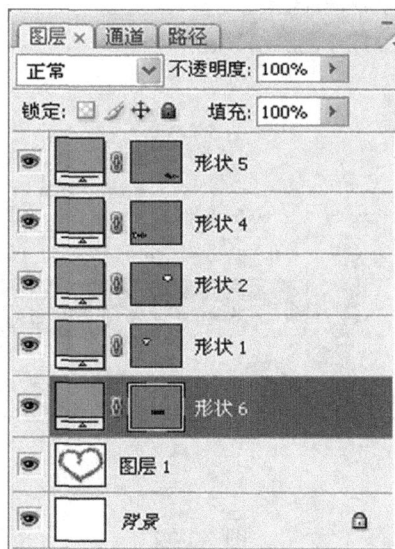

图 5-2-43

可以应用"定义自定形状"命令来制作并定义形状。使用"钢笔"工具，在图像窗口中绘制路径并填充路径，如图 5-2-44 所示。

选择"编辑→定义自定形状"命令，弹出"形状名称"对话框，在"名称"文本框中输入自定义形状的名称，如图 5-2-45 所示，单击"确定"按钮，在"形状"面板中将显示刚才定义的形状，如图 5-2-46 所示。

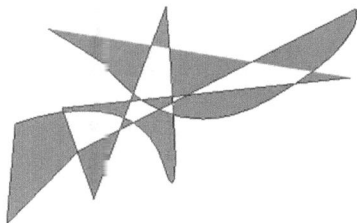

图 5-2-44

图 5-2-45

图 5-2-46

4. 直线工具

选择直线工具 ，或按 Shift+U 组合键，其属性栏如图 5-2-47 所示。其属性栏中的内容与矩形工具类似，只增加了"粗细"选项，用于设定直线的宽度。

图 5-2-47

单击属性栏中工具选项右侧下拉按钮，弹出"箭头"面板，如图 5-2-48 所示。

起点：用于设定箭头位于线段的始端。

终点：用于设定箭头位于线段的末端。

宽度：用于设定箭头宽度和线段宽度的比值。

长度：用于设定箭头长度和线段长度的比值。

凹度：用于设定箭头凹凸的长度。

在图像中绘制不同效果的直线，如图 5-2-49 所示。

图 5-2-48

5. 多边形工具

选择多边形工具，或按 Shift+U 组合键，其属性栏如图 5-2-50 所示，其属性栏中的内容与矩形工具类似，只增加了"边"选项，用于设定多边形的边数。

图 5-2-49

图 5-2-50

　　原始图像效果如图 5-2-51 所示，单击属性栏中工具选项右侧的按钮，在弹出的"多边形选项"面板中进行设置，如图 5-2-52 所示。在图像中绘制多边形，效果如图 5-2-53 所示，"图层"面板中的效果如图 5-2-54 所示。

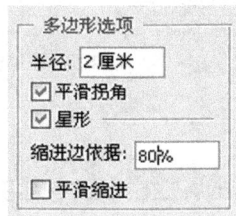

图 5-2-51　　　　　　　　　　　　　　　　　图 5-2-52

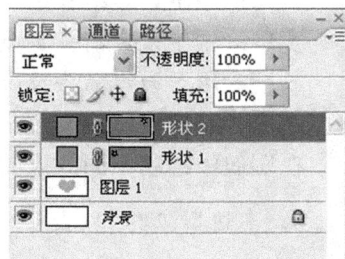

图 5-2-53　　　　　　　　　　　　　　　　　图 5-2-54

6. 素描滤镜组

素描滤镜用于创建手绘图像的效果，简化图像的色彩（此类滤镜不能应用在 CMYK 和 Lab 模式下）。素描滤镜组的子菜单如图 5-2-55 所示。原图像及应用素描滤镜组制作的图像效果如图 5-2-56 所示。

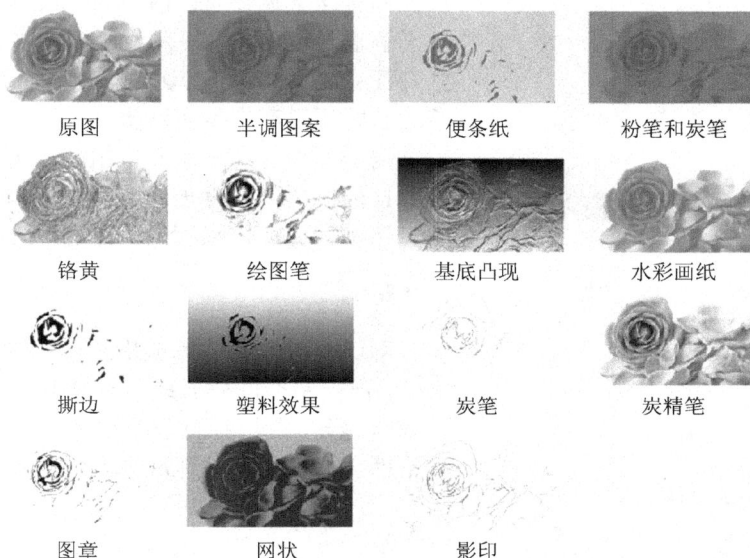

图 5-2-55

图 5-2-56

5.2.3 实战演练

使用自定形状工具、钢笔工具制作"铅笔"的商品详情页和促销区设计图，其中设计图中倒计时动态效果利用"动画（帧）"面板制作，展现了团购活动的促销效果，最终效果如图 5-2-57 所示。

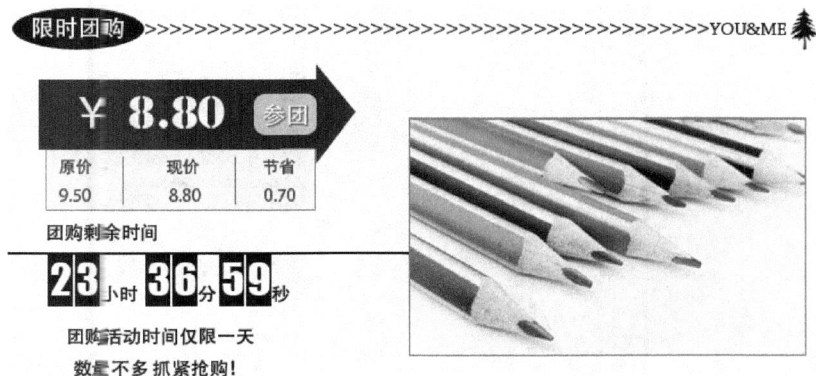

图 5-2-57

任务 *5.3* 商品描述——模版设计

案例分析

顾客网上购物时，仅仅浏览商品主图不能满足顾客对该商品的了解需求，不能使顾客立即下定决心购买该商品。一般顾客会打开商品的详细描述，浏览商品详细信息，加深对商品整体和细节的了解，以产生购买欲望。

但是如果商品描述简单粗糙，就不会引起顾客的购买欲，因而设计商品描述模板时要结合商品本身的特点和店铺的整体风格，让顾客更加信赖店铺和商品，才能提升购买欲望。

设计理念

网店"生活邦"整体风格淡雅，蓝绿色色调为主调，如图 5-3-1 所示，前面两个部分展现了商品整体图，利用剩余的版面展现四个细节部分，利用栏目条将整体和细节部分区分，整个模板紧凑而不拥挤，可以完整地展现商品详情。

5.3.1 操作步骤

1．制作商品整体图模板

1）新建文件，宽度为 710 像素，高度为 3137 像素，按 Ctrl+R 组合键，调出标尺，按照如图 5-3-2 所示，用标尺进行标示。

图 5-3-1

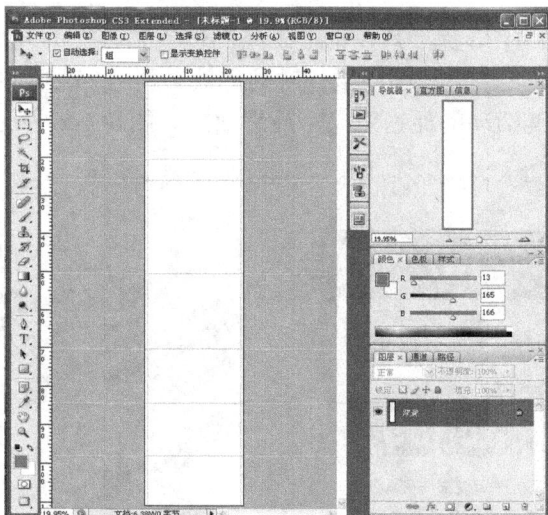

图 5-3-2

2）新建图层并重命名为"边框"，如图 5-3-3 所示，选择矩形选框
工具，绘制如图 5-3-4 所示选区。

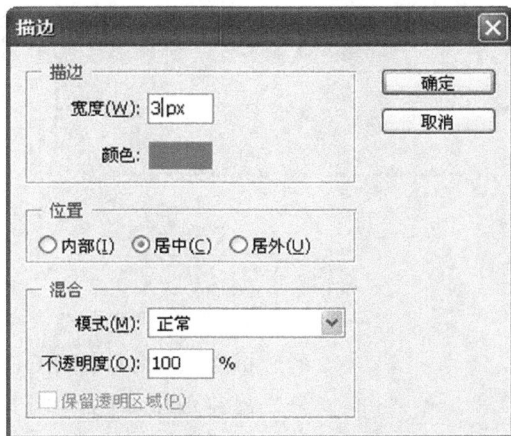

图 5-3-3   图 5-3-4

3）选择"选择→修改→平滑"命令，弹出"平滑选区"对话框，
具体设置如图 5-3-5 所示。

选择"编辑→描边"命令，弹出"描边"对话框，具体设置如图 5-3-6
所示，其中描边颜色具体设置如图 5-3-7 所示（RGB：13，165，166），
然后选择方头画笔工具，前景色为（RGB：101，99，99），笔刷大小
为 3px，在选区的下方边框涂抹，最终效果如图 5-3-8 所示，最后按
Ctrl+D 组合键，去除选区。

图 5-3-5   图 5-3-6

图 5-3-7   图 5-3-8

4）新建图层，重命名为"灰底"。选择钢笔工具 ，按照如图 5-3-9 所示绘制路径，在工作面板中选择"路径"标签，单击"将路径作为选区载入"按钮 生成选区，设置前景色值为（RGB：188，187，187），背景色值为（RGB：249，244，244），选择渐变工具 ，选择属性栏中的"线性渐变"选项 ，选择渐变模式为"前景到背景"，由左至右拖动鼠标，最终效果如图 5-3-10 所示。

图 5-3-9   图 5-3-10

5）打开"素材"文件中"生活邦"店铺的 LOGO 文件，选择矩形选框工具 ，将 LOGO 中的水滴部分移动到商品详情模板文件中来，最终效果如图 5-3-11 所示。

6）新建图层，重命名为"折角"。选择钢笔工具 ，绘制路径，在工作面板中选择"路径"标签，单击"将路径作为选区载入"按钮 生成选区，选择渐变工具 ，在属性栏中选择"对称渐变"选项 ，弹出"渐变编辑器"对话框，如图 5-3-12 所示，左侧色标卡颜色设置为（RGB：85，216，48），中间色标卡设置为白色（RGB：255，255，255），最右侧色标卡值为（RGB：110，241，74），由左至右拖动鼠标，最终效果如图 5-3-13 所示。按 Ctrl+D 组合键去除选区。

图 5-3-11

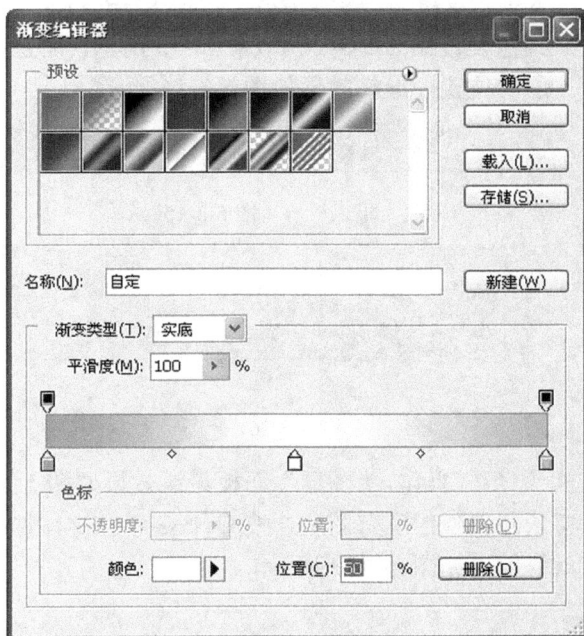

图 5-3-12

图 5-3-13

7）选择文字工具 T，输入字母"SALE"，设置文字颜色为（RGB：99，99，99）选择文字工具 T，另输入促销文字，设置文字颜色为（RGB：130，130，130），其他设置如图 5-3-14 和图 5-3-15 所示，调整两个文字图层的位置，最终效果如图 5-3-16 所示。

图 5-3-14

图 5-3-15

图 5-3-16

8）经过上述步骤操作，"图层"面板最终效果如图 5-3-17 所示，全部选中除背景图层外的所有图层，按 Ctrl+G 组合键，生成组，重命名为"1"，最终效果如图 5-3-18 所示。

图 5-3-17

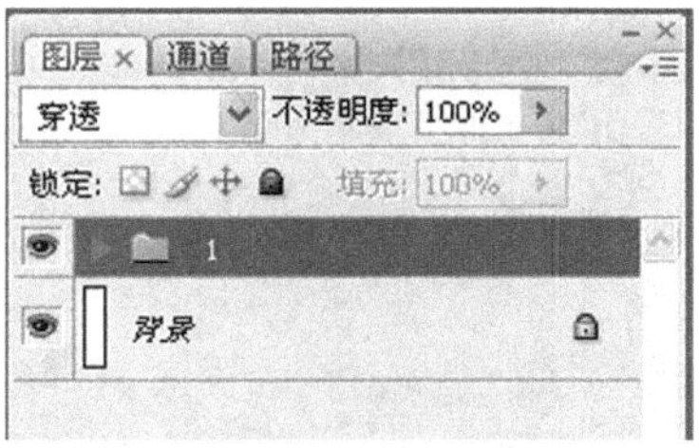

图 5-3-18

2．添加 LOGO

1）打开素材文件中店铺"生活邦"的 LOGO 文件，移动到文件中来，选择矩形选框工具[ ]，选择 LOGO 的水滴部分，如图 5-3-19 所示，按 Delete 键删除。

图 5-3-19

2）选择文字工具[T]，输入店铺介绍，设置文字颜色值为（RGB：130，13(，130)，其他设置如图 5-3-14 和图 5-3-15 所示，最终效果如图 5-3-20 所示。

3）同时选中店铺介绍文字图层和 LOGO 图层，按 Ctrl+G 组合键，生成组，重命名为"2"，调整到右侧位置，最终效果如图 5-3-21 所示。

图 5-3-20

图 5-3-21

4）新建图层，重命名为"虚线"，选择钢笔工具，在"组 2"和"组 1"的中间从左至右绘制一条直线，选择画笔工具，具体设置如图 5-3-22 所示，前景色设置为（RGB：20，204，204），单击"路径"面板中的"描边路径"按钮○，复制"虚线"图层，生成"虚线副本"，将"虚线副本"图层移动到"组 2"的下方，然后将两个图层生成组，重命名为"虚线"，最终效果如图 5-3-23 所示

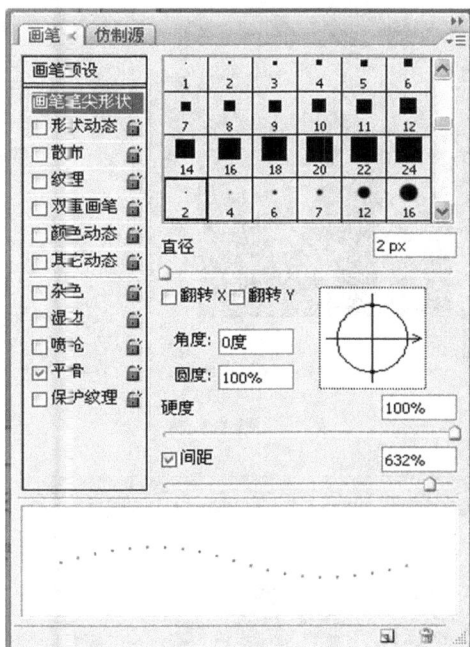

图 5-3-22

图 5-3-23

3．绘制栏目条

1）新建图层，并重命名为"栏目条底"。选择矩形选框工具，绘制长方形选区，选择"选择→修改→平滑"命令，弹出"平滑选区"对话框，具体设置如图 5-3-24 所示，并将选区填充为浅黄色（RGB：237，225，213）。不用去除选区，新建图层，重命名为"栏目条"，选择"选择→修改→收缩"命令，收缩值为 3 像素，选择渐变工具，在属性栏中选择"对称渐变"选项，设置左侧色标卡颜色如图 5-3-25 所示，右侧色标卡颜色如图 5-3-26 所示，由上向下拖动鼠标。选择"栏目条底"图层，添加"投影"图层样式效果，具体参数设置如图 5-3-27 所示，根据标尺调整"栏目条底"和"栏目条"两个图层位置和大小，最终效果如图 5-3-28 所示。

2）在栏目条上输入文字"细节"，字体为黑体，其他选项保留默认设置，根据栏目条设置调整字体大小，如图 5-3-29 所示。

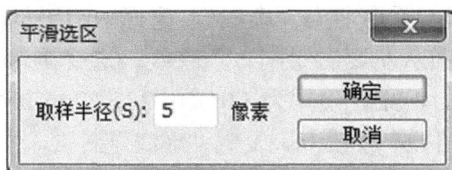

图 5-3-24

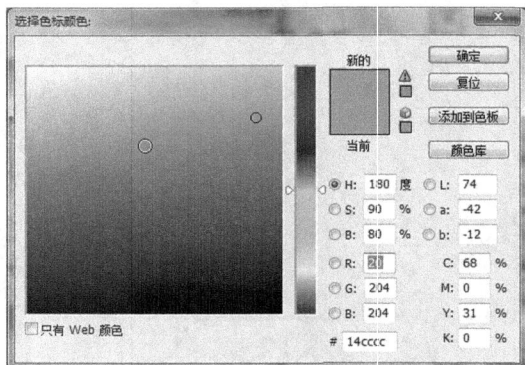

图 5-3-25

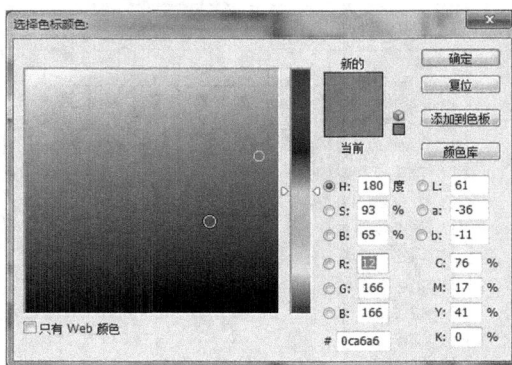

图 5-3-26

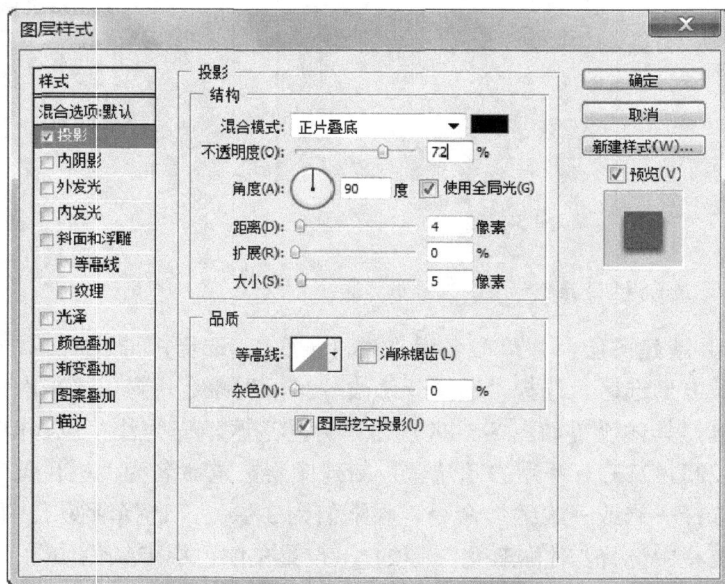

图 5-3-27

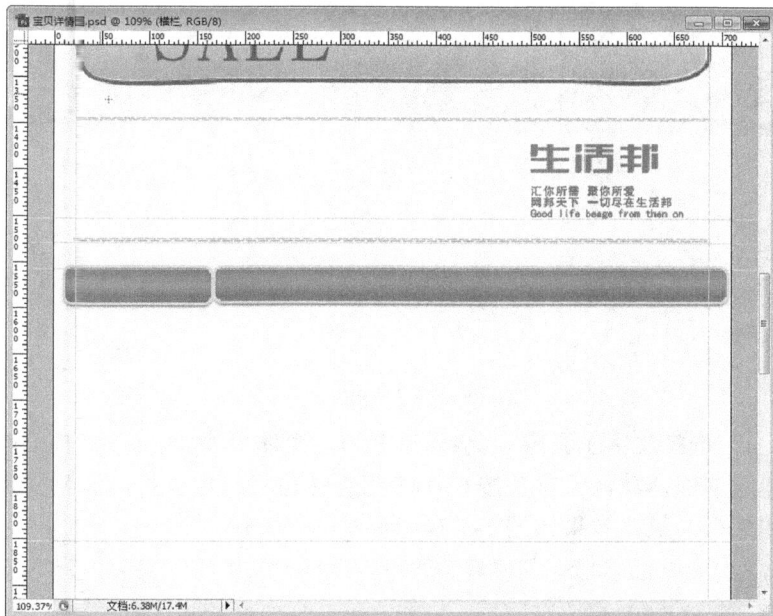

图 5-3-28

图 5-3-29

3）复制"组 1"中的"水滴"图层，生成"水滴副本"，将"水滴副本"拖动到"图层"面板最顶端，调整其位置，然后选择"编辑→变换→变形"命令，调整水滴的位置和大小，复制"组 2"中的"logo"图层生成"logo 副本"，并移动到栏目条合适位置，最终效果如图 5-3-30 所示。

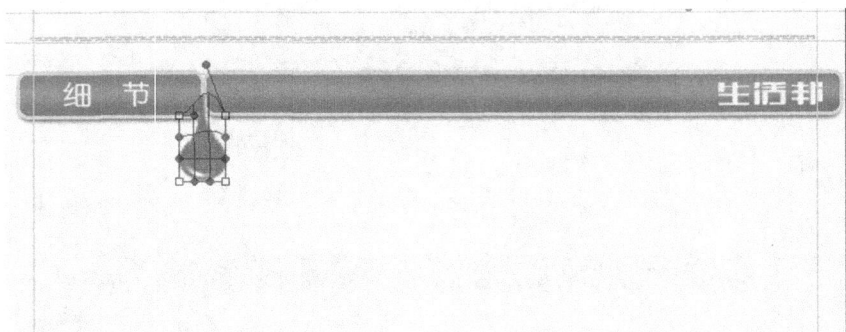

图 5-3-30

4）选择文字工具 T ，字体设置为"黑体"，输入文字"Details"，其他选项保留默认设置，按 Ctrl+T 组合键进行自由变换，调整文字位置和大小。最终效果如图 5-3-31 所示。

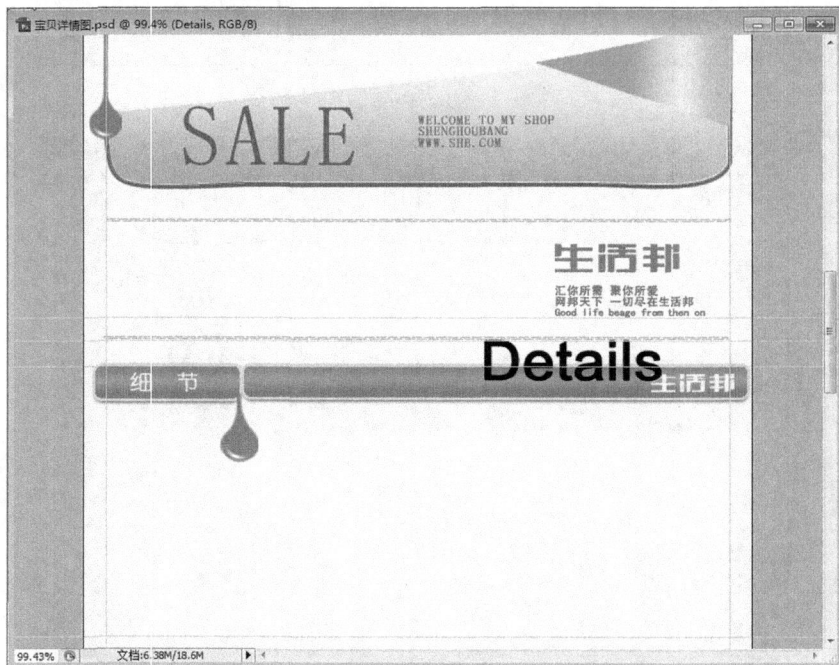

图 5-3-31

5）选择"Details"文字图层，选择"图层→图层样式→描边"命令，具体参数设置如图 5-3-32 所示，效果如图 5-3-33 所示。选择"滤镜→素描→绘图笔"命令，具体设置如图 5-3-34 所示，最终效果如图 5-3-35 所示。

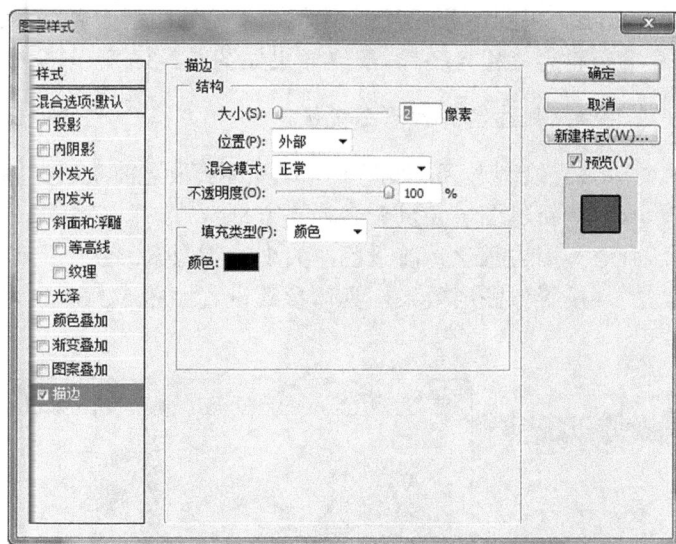

图 5-3-32

图 5-3-33

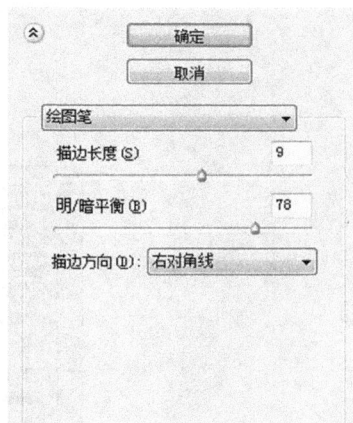

图 5-3-34

图 5-3-35

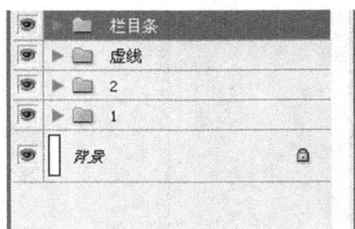

图 5-3-36

6）将除背景图层外所有为分组的图层合并成为组，并重命名为"栏目条"。最终效果如图 5-3-36 所示。

4．制作宝贝细节图模板

1）绘制选区，如图 5-3-37 所示，设置前景色如图 5-3-38 所示，新建图层并重命名为"方框"，选择 "编辑→描边"命令，描边颜色为前景色，大小为 1 像素。然后为该图层添加"投影"图层效果，具体参数设置如图 5-3-39 所示。

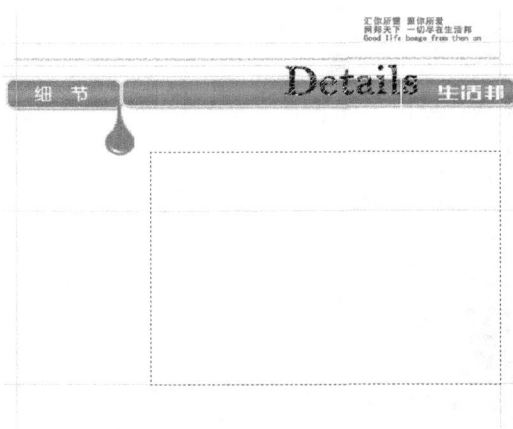

图 5-3-37

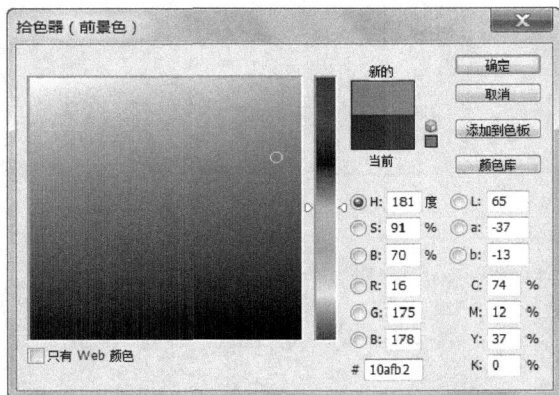

图 5-3-38

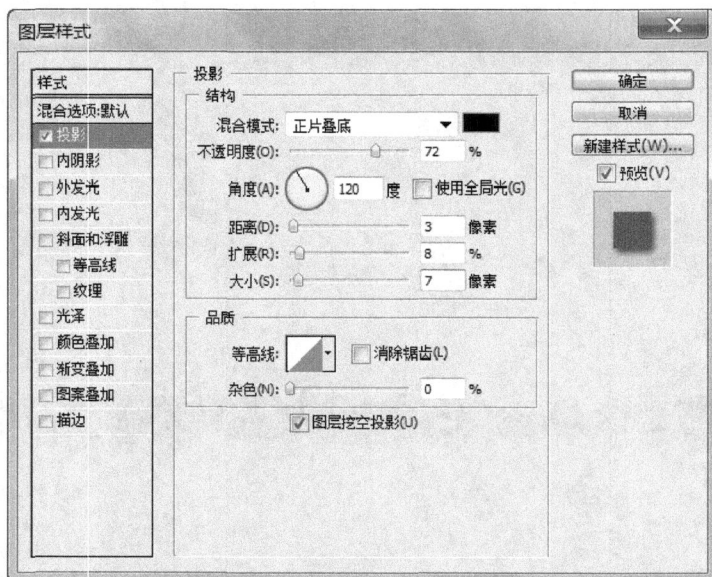

图 5-3-39

2）新建图层并重命名为"折线"，选择钢笔工具![钢笔]，绘制如图 5-3-40 所示路径，设置前景色值为（RGB：13，165，166），设置画笔大小为 3 像素，其他选项保留默认设置，单击"路径"面板中的"用画笔描边路径"按钮。新建图层并重命名为"起始圆点"，在折线右边的开始端绘制正圆选区，选择椭圆选框工具![椭圆]，同时按住 Alt+Shift 键，拖动鼠标绘制正圆，填充颜色值为（RGB：11，165，167）。最终效果如图 5-3-41 所示。

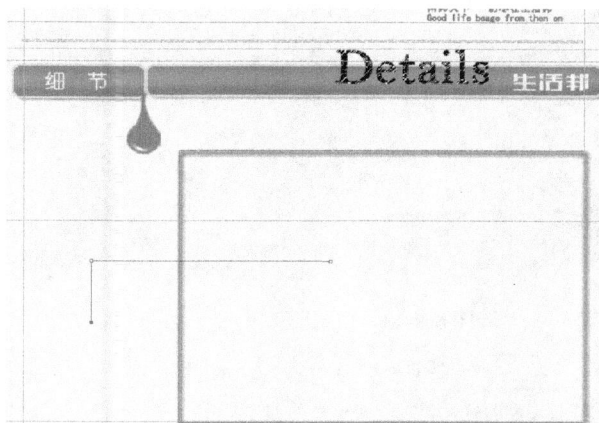

图 5-3-40

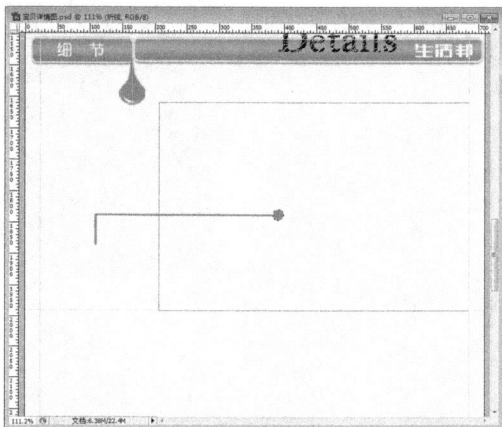

图 5-3-41

3）然后将组"栏目条"中的"水滴副本"图层生成"水滴副本 2"，将水滴移动到折线另一结束端。同时选中"折线"、"起始圆点"、"水滴副本"3 个图层，按 Ctrl+E 组合键合并图层并重命名为"折线"。

选择文字工具![文字]，具体设置如图 5-3-42 所示，字体颜色为白色（RGB：255，255，255），输入数字"1"，将数字"1"移动到水滴的上面。

图 5-3-42

4）选择"方框"、"折线"、文字"1"图层。按 Ctrl+G 组合键生成组并重命名为"细节 1"。复制组并重命名为"细节 2"，选择图层"折线副本"，按 Ctrl+T 组合键进行自由变化，单击鼠标右键，在弹出的快捷菜单中选择"水平翻转"命令，然后将文字图层"1 副本"中文字修改成"2"。同理，制作"细节 3"、"细节 4"，最终效果如图 5-3-43 所示，"图层"面板效果如图 5-3-44 所示。这样商品详情模版图完成了，可以在相应位置放置合适的商品图片和介绍。

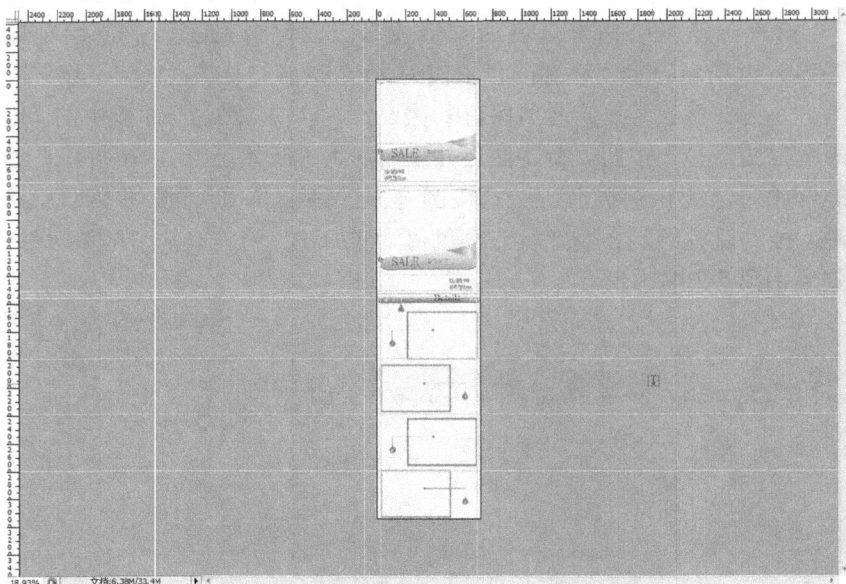

图 5-3-43

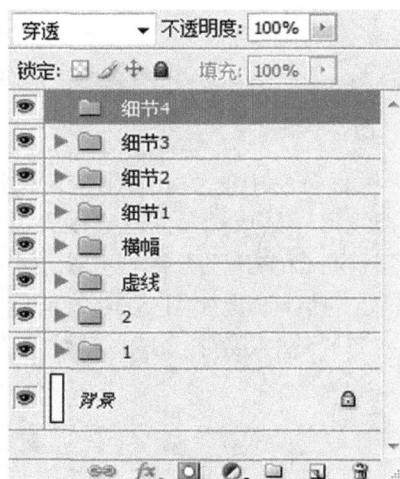

图 5-3-44

5.3.2 相关工具

1．画笔工具

选择画笔工具 ，或按 Shift+B 组合键。其属性栏如图 5-3-45 所示。

图 5-3-45

在画笔工具属性栏中，"画笔"用于选择预设的画笔；"模式"选项用于选择混合模式，选择不同的模式，用喷枪工具操作时将产生丰富的效果；"不透明度"选项用于设定画笔的不透明度；"流量"选项用于设定喷枪压笔，压力越大，喷枪越浓。单击"经过设置可以启用喷枪功能"按钮 ，可以选择喷枪效果。

使用画笔工具：选择"画笔"工具 ，在画笔工具属性栏中设置画笔选项，如图 5-3-46 所示，在图像中单击并拖曳鼠标可以绘制出书法字的效果，如图 5-3-47 所示

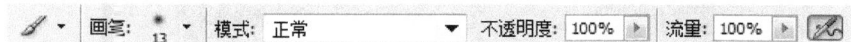

图 5-3-46

图 5-3-47

单击"画笔"选项右侧的下拉按钮，弹出如图 5-3-48 所示的画笔选择面板，在面板中可选择画笔形状。

拖曳"主直径"选项下的滑块或输入数值可以设置画笔的大小。如果选择的画笔是基于样本的，将显示"使用取用大小"按钮，单击该按钮，可以使画笔的直径恢复到初始大小。

单击画笔选择面板右上方的按钮 ，在弹出下拉菜单中选择"小缩览图"命令，如图 5-3-49 所示。

下拉菜单中各个命令作用如下。

"新建画笔预设"命令：用于建立新画笔。

"重命名画笔"命令：用于对画笔重新命名。

"删除画笔"命令：用于删除当前选中的画笔。

"纯文本"命令：以文字描述方式显示画笔选择面板。

"小缩览图"命令：以小图标方式显示画笔选择面板。

"大缩览图"命令：以小图标方式显示画笔选择面板。

"小列表"命令：以小文字和图标列表方式显示画笔选择面板。

"大列表"命令：以小文字和图标列表方式显示画笔选择面板。

"描边缩览图"命令：以笔画的方式显示画笔选择面板。

"预设管理器"命令：用于在弹出的"预设管理器"对话框中编辑画笔。

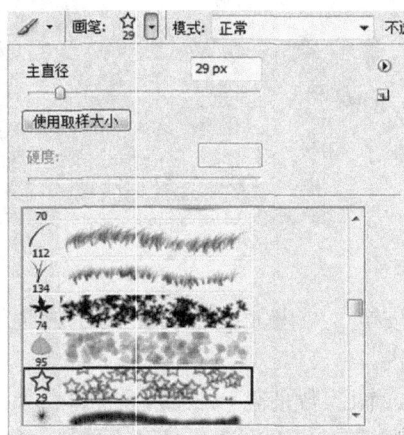

图 5-3-48

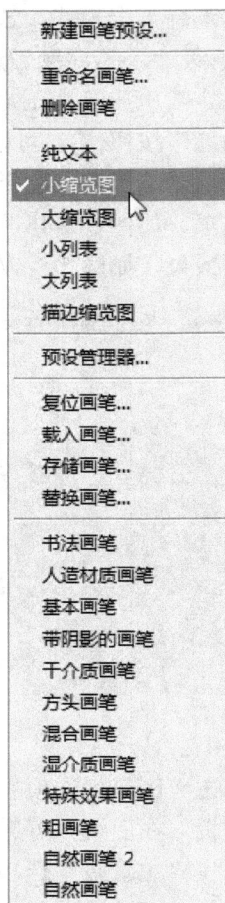

图 5-3-49

"复位画笔"命令：用于恢复默认状态的画笔。

"载入画笔"命令：用于将存储的画笔载入面板。

"存储画笔"命令：用于将当前的画笔进行存储。

"替换画笔"命令：用于载入新画笔并替换当前画笔。

下面的选项为各个画笔库。

在画笔选择面板中单击"从此画笔创建新的预设"按钮，弹出如图 5-3-50 所示的"画笔名称"对话框。单击画笔工具属性栏右侧的"切换画笔调板"按钮，弹出如图 5-3-51 所示的"画笔"面板。

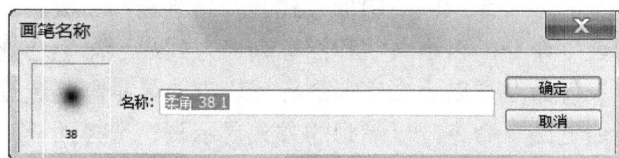

图 5-3-50

（1）"画笔笔尖形状"选项

在"画笔"面板中选择"画笔笔尖形状"选项，显示相应的选项面板，如图 5-3-52 所示。"画笔笔尖形状"选项可以设置画笔的形状。

"直径"选项：用于设置画笔的大小。

"使用取样大小"按钮：可以使画笔的直径恢复到初始大小

"角度"选项：用于设置画笔的倾斜角度。

"圆度"选项：用于设置画笔的圆滑度。在右侧的预览框中可以观察和调整画笔的角度及圆滑度。

"硬度"选项：用于设置使用画笔所画图像的边缘柔化程度，硬度的数值用百分比表示。

"间距"选项：用于设置画笔画出的标记点之间的间隔距离。

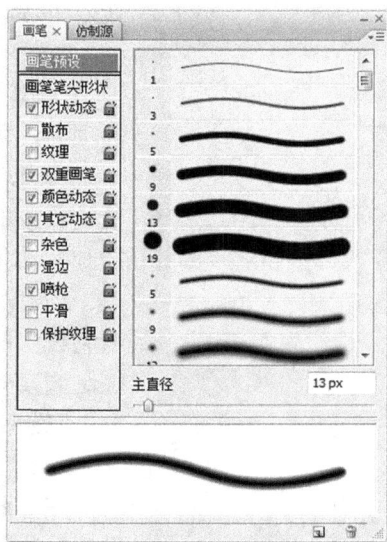

图 5-3-51

（2）"形状动态"选项

在"画笔"画板中选择"形状动态"选项，显示相应的选项面板，如图 5-3-53 所示。"形状动态"选项可以增加画笔的动态效果。

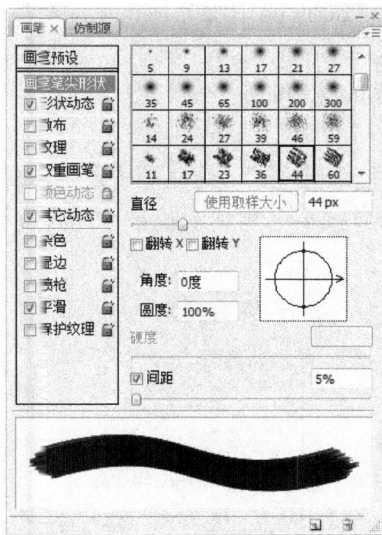

图 5-3-52

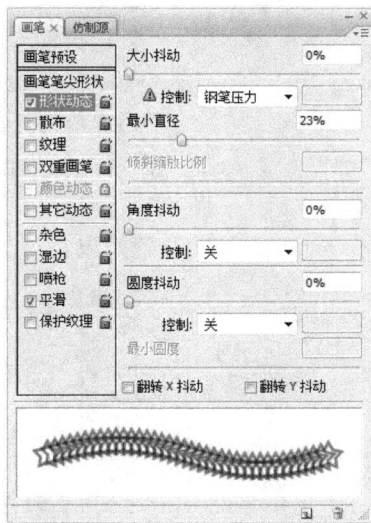

图 5-3-53

"大小抖动"选项：用于设置动态元素的自由随机度。当数值设置为 100%时，使用画笔绘制的元素会出现最大的自由随机度；当数值设置为 0%时，使用画笔绘制的元素没有变化。

在"控制"选项的下拉列表中可以通过选择各个选项来控制动态元素的变化。其中包含关、渐隐、钢笔压力、钢笔斜度、光比轮和旋转 6 个选项。

"最小直径"选项：用于设置画笔标记点的最小尺寸。

"倾斜缩放比例"选项：当选择"控制"下拉列表中的"钢笔斜度"选项后，可以设置画笔的倾斜比例。在使用数位板时此选项才有效。

"角度抖动"和"控制"选项："角度抖动"选项用于设置画笔在绘制线条的过程中标记点角度的动态变化效果；"控制"下拉列表用于控制抖动角度的变化。

"圆度抖动"和"控制"选项："圆度抖动"选项用于设置画笔在绘制线条的过程中标记点圆度的动态变化效果；"控制"下拉列表用于控制圆度抖动的变化。

"最小圆度"选项：用于设置画笔标记点的最小圆度。

（3）"散布"选项

在"画笔"面板中选择"散布"选项，显示相应的选项面板，如图 5-3-54 所示。"散布"选项可以设置画笔绘制的线条中标记点的效果。

"散布"选项：用于设置画笔绘制的线条中标记点的分布效果。不勾选"两轴"复选框，画笔的标记点分布与画笔绘制的线条方向垂直；勾选"两轴"复选框，画笔标记点将以放射状分布。

"数量"选项：用于设置每个空间间隔中画笔标记点的数量。

"数量抖动"选项：用于设置每个空间间隔中画笔标记点的数量变化。"控制"下拉列表用于控制数量抖动的变化。

（4）"纹理"选项

在"画笔"面板中选择"纹理"选项，显示相应的选项面板，如图 5-3-55 所示。"纹理"选项可以设置画笔绘制的线条中包含预设的各种纹理效果。

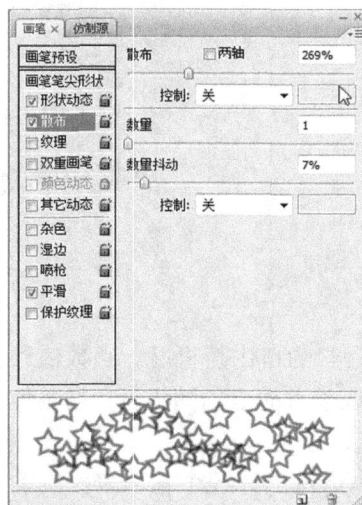
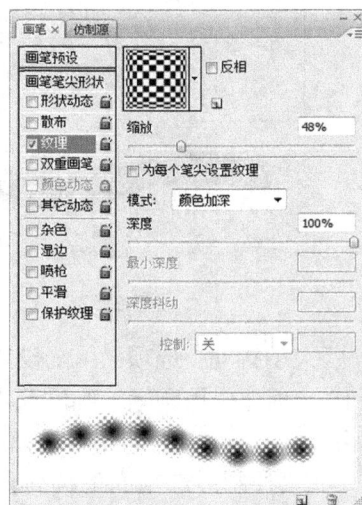

图 5-3-54　　　　　　　　　　　图 5-3-55

面板上方显示纹理的预览图，单击右侧的下拉按钮，在弹出的面板中可以选择需要的图案。勾选中"反相"复选框可以设定纹理的反相效果。

"缩放"选项：用于设置图案的缩放比例。

"为每个笔尖设置纹理"复选框：用于设置是否分别对每个标记点进行渲染。勾选此项，下面的"最小深度"和"深度抖动"选项将变为可用。

"模式"选项：用于设置画笔混合图案之间的混合模式。

"深度"选项：用于设置画笔混合图案的最小深度。

"深度抖动"选项：用于设置画笔混合图案的深度变化。

（5）"双重画笔"选项

在"画笔"面板中选择"双重画笔"选项，显示相应的选项面板，如图 5-3-56 所示，"双重画笔"效果就是两种画笔效果的混合。

"模式"选项：用于设置两种画笔的混合模式。在画笔预览框中选择一种画笔作为第 2 个画笔。

"直径"选项：用于设置使用第 2 个画笔的大小。

"间距"选项：用于设置使用第 2 个画笔在绘制的线条中的标记点之间的距离。

"散布"选项：用于设置使用第 2 个画笔在绘制的线条中标记点的分布效果。不勾选"两轴"复选框，画笔的标记点的分布与画笔绘制的线条方向垂直。勾选"两轴"复选框，画笔标记点将以放射状分布。

"数量"选项：用于设置每个空间间隔中第 2 个画笔标记点的数量。

（6）"颜色动态"选项

在"画笔"面板中选择"颜色动态"选项，显示相应的选项面板，如图 5-3-57 所示。"颜色动态"选项用于设置画笔绘制线条的过程中颜色的动态变化情况。

"前景/背景抖动"选项：用于设置使用画笔绘制的线条在前景色和背景色之间的动态变化。

"色相抖动"选项：用于设置使用画笔绘制的线条的色相动态变化范围。

"饱和度抖动"选项：用于设置使用画笔绘制的线条的饱和度和动态变化范围。

"亮度抖动"选项：用于设置使用画笔绘制的线条的亮度和动态变化范围。

"纯度"选项：用于设置颜色的纯度。

（7）"其他动态"选项

在"画笔"版面中选择"其他动态"选项，显示相应的选项面板，如图 5-3-58 所示。

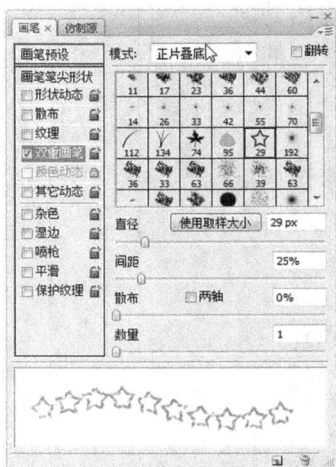 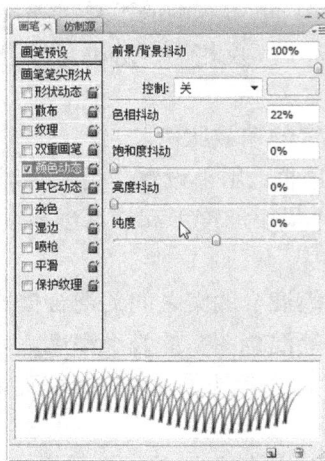 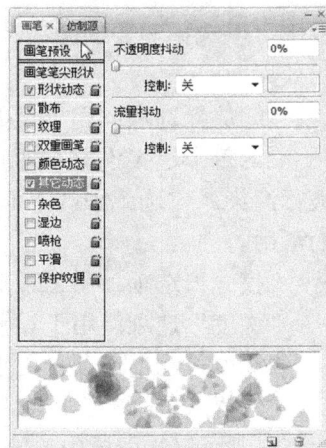

图 5-3-56　　　　　　　　　　图 5-3-57　　　　　　　　　　图 5-3-58

"不透明度抖动"选项：用于设置画笔绘制线条的流畅度的动态变化情况。

（8）画笔的其他选项

"杂色"选项：可以为画笔增加杂色效果。

"湿边"选项：可以为画笔增加水笔的效果。

"喷枪"选项：可以使画笔变为喷枪的效果。

"平滑"选项：可以使画笔绘制的线条更平滑、顺畅。

"保护纹理"选项：可以对所有的画笔应用相同的纹理图案。

2．铅笔工具

铅笔工具可以模拟铅笔的效果进行绘画。

选择铅笔工具 ，或按 Shift+B 组合键，其属性栏如图 5-3-59 所示

图 5-3-59

其中，"画笔"选项用于选择画笔形状和大小；"模式"选项用于选择混合模式；"不透明度"选项用于设定不透明度；"自动抹除"选项用于自动判断并抹除颜色，如果绘画时的起始点颜色为背景色，则铅笔工具将以前景色绘制，反之，如果起始点颜色为前景色，则以背景色绘制。

选择"铅笔"工具 后，在铅笔工具属性栏中选择画笔，勾选"自动抹除"复选框，如图 5-3-60 所示，此时绘制效果与所单击的起始点颜色有关。当起始点颜色与前景色相同时，铅笔工具将使用橡皮擦工

具的功能，以背景色绘图；如果起始点颜色不是前景色，则绘图时仍然会保持以前景色绘制。

图 5-3-60

例如，将前景色和背景色分别设定为黑色和灰色，在图像中单击，画出一个黑点，在黑色区域内单击以绘制下一个点，点的颜色就会变成灰色，重复以上的操作，得到的效果如图 5-3-61 所示。

3. 拾色器对话框

单击工具箱底部的"设置前景色/设置背景色"图标，弹出"拾色器"对话框，可以在该对话框中设置颜色。

（1）使用颜色滑块和颜色选择区

用鼠标在颜色色带上单击或拖曳两侧的三角滑块，如图 5-3-62 所示，可以使颜色的色相发生变化。

在"拾色器"对话框左侧的颜色选择区中，可以选择颜色的明度和饱和度，垂直方向表示明度的变化，水平方向表示饱和度的变化。

选择好颜色后，在对话框的右侧上方的颜色框中会显示所设置的颜色效果，右侧下方是所选择的颜色的 HSB、RGB、GMYK、Lad 值，选择好颜色后，单击"确定"按钮，所选择的颜色将变为工具箱中的前景色或背景色。

图 5-3-61

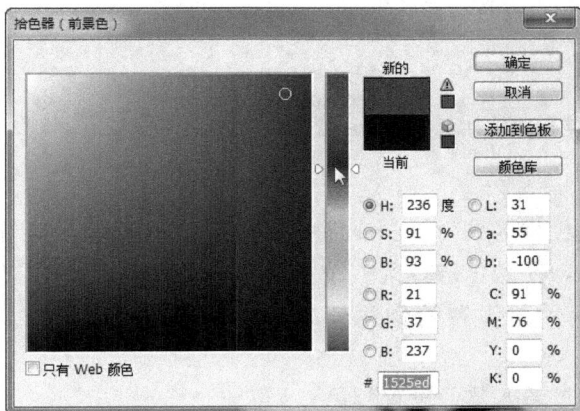

图 5-3-62

（2）使用颜色库按钮选择颜色

在"拾色器"对话框中单击"颜色库"按钮，弹出"颜色库"对话框，如图 5-3-63 所示。"色库"下拉列表中包含一些常用的印刷颜色体系，如图 5-3-64 所示，其中"TRUMATCH 颜色"是专门应用于印刷设计的颜色体系。

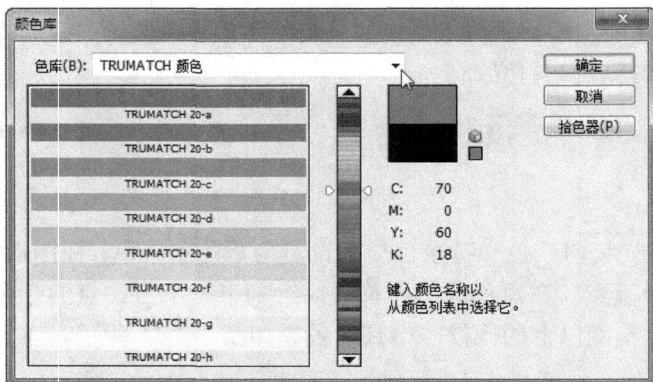

图 5-3-63

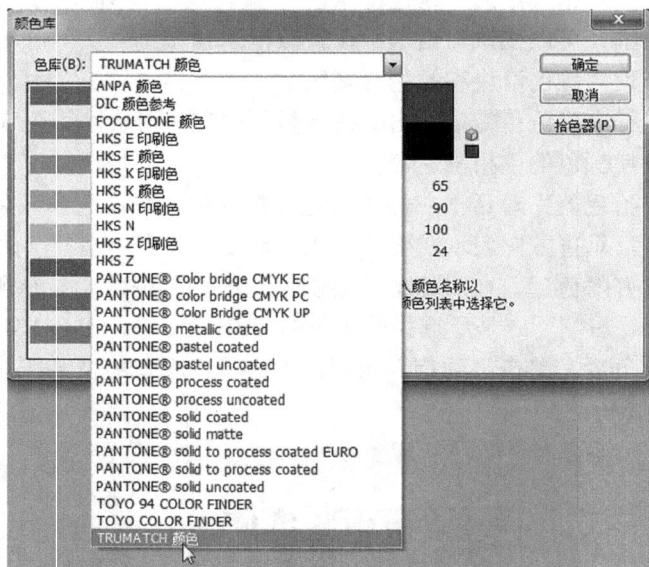

图 5-3-64

　　在颜色色相区域内单击或拖曳两侧的三角滑块，可以使颜色的色相发生变化，在颜色选择区中设置带有编码的颜色，在右侧上方的颜色框中会显示所设置的颜色效果，右侧下方显示所设置的颜色的 CMYK 值。

　　（3）通过输入数值设置颜色

　　在"拾色器"对话框右侧下方的 HSB、RGB、CMYK、Lad 色彩模式后面，都带有可以输入数值的文本框，在其中输入所需颜色值也可以得到希望的颜色。

　　勾选对话框左下方的"只有 Wed 颜色"复选框，如图 5-3-65 所示，颜色选择区中出现提供网页使用的颜色，显示的是网页颜色的数值。

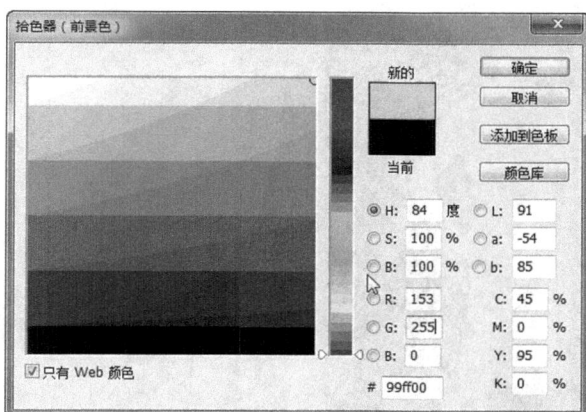

图 5-3-65

4．图层蒙版

（1）添加图层蒙版

单击"图层"面板底部的"添加图层蒙版"按钮 可以创建一个图层的蒙版，如图 5-3-66 所示。按住 Alt 键的同时单击该按钮可以创建一个遮盖图层全部的蒙版，如图 5-3-67 所示。

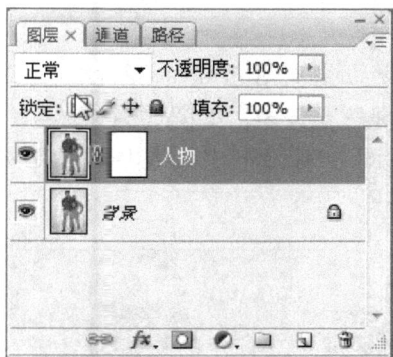

图 5-3-66

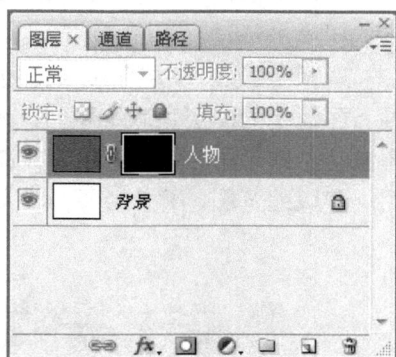

图 5-3-67

（2）隐藏图层蒙版

按住 Alt 键的同时单击图层蒙版缩览图。图像窗口中的图像将被隐藏，只显示图层蒙版缩览图中的效果，如图 5-3-68 所示，"图层"面板中的效果如图 5-3-69 所示。按住 Alt 键的同时再次单击图层蒙版缩览图，将恢复图像窗口中的图像效果。按住 Alt+Shift 组合键的同时，单击图层蒙版缩览图，将同时显示图像和图层蒙版中的内容。

（3）图层蒙版的链接

在"图层"面板中，图层缩览图与图层蒙版缩览图之间存在链接图标 ，当图层图像与图层蒙版关联时，移动图像时蒙版会同步移动，单击链接图标 将不显示此图标，可以分别对图像与蒙版进行操作。

图 5-3-68   图 5-3-69

（4）应用及删除图层蒙版

在"通道"面板中双击"人物蒙版"通道，弹出"图层蒙版显示选项"对话框，如图 5-3-70 所示，在该对话框中可以对蒙版的颜色和不透明度进行设置。

选择"图层→图层蒙版→停用"命令或按住 Shift 键的同时单击"图层"面板中的图层蒙版缩览图，图层蒙版被停用，如图 5-3-71 所示，图像将全部显示，效果如图 5-3-72 所示，按住 Shift 键的同时再次单击图层蒙版缩览图，将恢复图层蒙版效果。

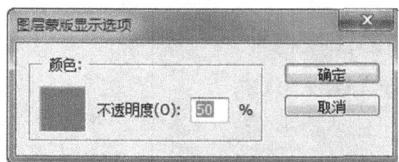

图 5-3-70   图 5-3-71   图 5-3-72

选择"图层→图层蒙版→删除"命令，或在图层蒙版缩览图上单击鼠标右键，在弹出的快捷菜单中选择"删除图层蒙版"命令，可以将图层蒙版删除。

（5）替换颜色

通过"替换颜色"命令能够将图像中的颜色进行替换。原始图像效果如图5-3-73所示，选择"图像→调整→替换颜色"命令，弹出"替换颜色"对话框，用吸管工具在花朵图像中吸取要替换的红色，单击"替换"远项组中的"结果"选项的颜色图标，弹出"选择目标颜色"对话框，将要替换的颜色设置为黄色，返回"替换颜色"对话框，设置"替换"选项组中的"色相"、"饱和度"和"明度"选项，如图5-3-74所示。单击"确定"按钮，红色的花朵被替换为黄色，效果如图5-3-75所示。

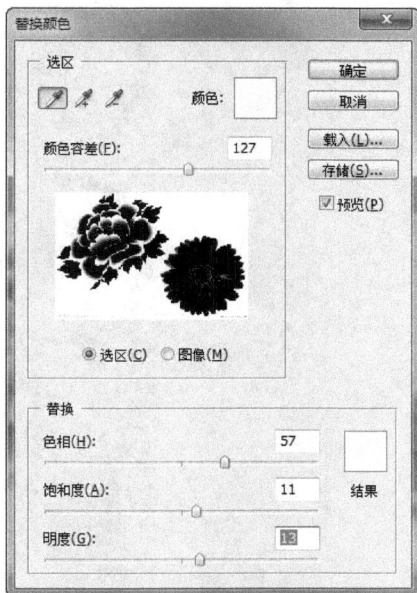

图 5-3-73

图 5-3-74

图 5-3-75

"颜色容差"的数值越大，吸管工具取样的颜色范围越大，在"替换"选项中调整图像的效果越明显。选中"选区"单选项可以创建蒙版。

5.3.3 实战演练

如图 5-3-76 所示，整体的风格采用中国水墨画的寓意，主要利用画笔工具、文字工具进行制作，是一个具有特色的文具类文案设计。

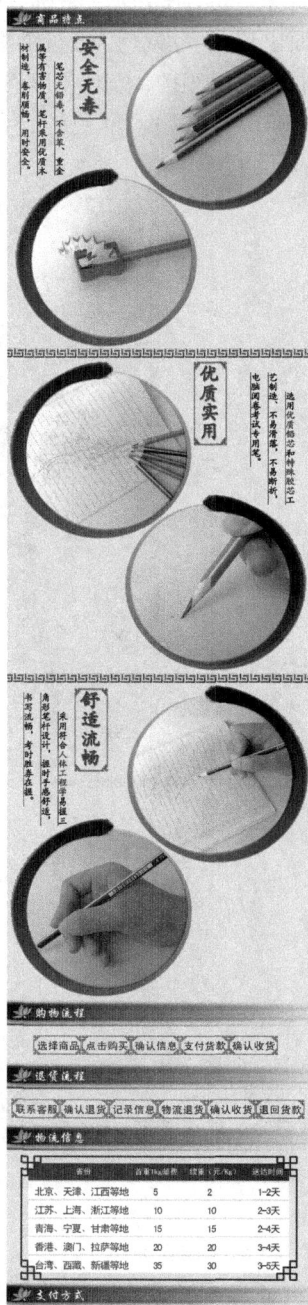

图 5-3-76

任务 *5.4* 综合演练

使用钢笔工具、画笔工具、文字工具以及动态图片的设计，展现网店的"幸运大转盘"促销活动，图案色彩艳丽，吸引顾客眼球，如图 5-4-1 所示。

图 5-4-1

项目考核评价

按表 5-1 对学生学习效果进行评价。

表 5-1 评价表

项目	学习要求	评价标准				评分	互评	教师评价
		优秀	良好	合格	不合格			
1	掌握"商品详情"制作模块的设计思路							
2	掌握"商品详情"制作模块的制作方法和技巧							
3	掌握画笔工具、铅笔工具的属性设置和使用方法							
4	掌握填充工具使用方法							
5	掌握图层蒙版的使用方法和技巧							
6	掌握钢笔工具的使用方法和技艺							

6

项目 6　商品详情——公共部分

　　一家店铺势必有很多商品，每个商品具有不同的特性。由于网络销售不能直接接触到商品，所以对每个商品的描述、特性介绍显得很重要。但是，顾客做出购买决定不会仅仅是商品的原因，只有当顾客觉得商家的综合素质比较高的情况下才能够做出购买决定。商品详情描述中所包含的例如支付方式、售后服务、物流方式等交易说明，以及品牌、荣誉、销量等实力展示均是商家综合素质的表现。这部分交易说明、实力展示等，出现在商品特性介绍之后，每个商品之后都是相同的，我们称之为商品详情的公共部分，简称公共部分。本章所讲解的就是商品公共部分的设计和实现。

学习目标

- 掌握商品公共部分的基本组成部分。
- 掌握形状路径工具中的矩形工具、圆角矩形工具、自定形状工具、直线工具。
- 掌握标尺的设置与运用。

案例分析

　　本案例是以"生活邦"文具店为例，制作店铺产品的公共部分。公共部分包含于每一个产品之下，包括售后服务、买家须知、交易流程三大部分。

设计理念

　　在设计过程中，让学生了解产品详情中除了对商品的介绍以外，还应对店铺的服务、理念等做进一步的介绍，这部分内容的展示能够展现店铺的综合实力。

6.0.1　操作步骤

1．画布布局

1）新建一个 PSD 文件，如图 6-0-1 所示

2）月参考线将画布大致进行分块，如图 6-0-2 所示。

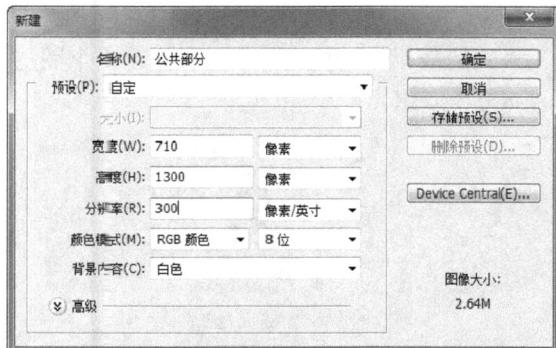

图 6-0-1

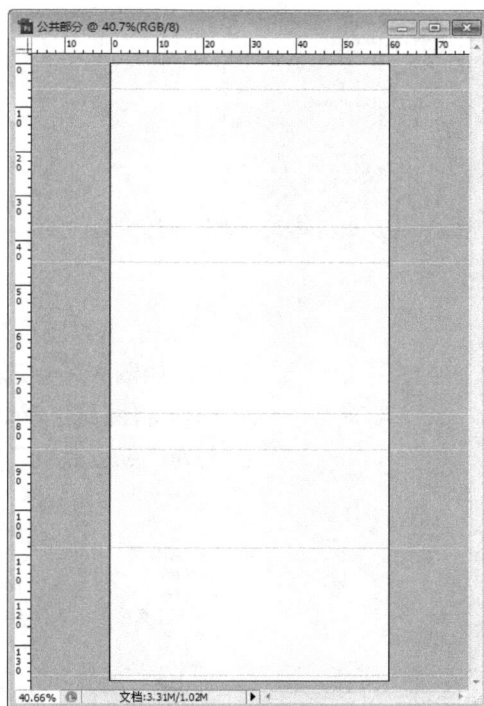

图 6-0-2

2. "售后服务"部分制作

1）将上一章完成的"售后服务"栏目条复制至图层中，命名为"售后服务栏目条"，结果如图 6-0-3 所示。

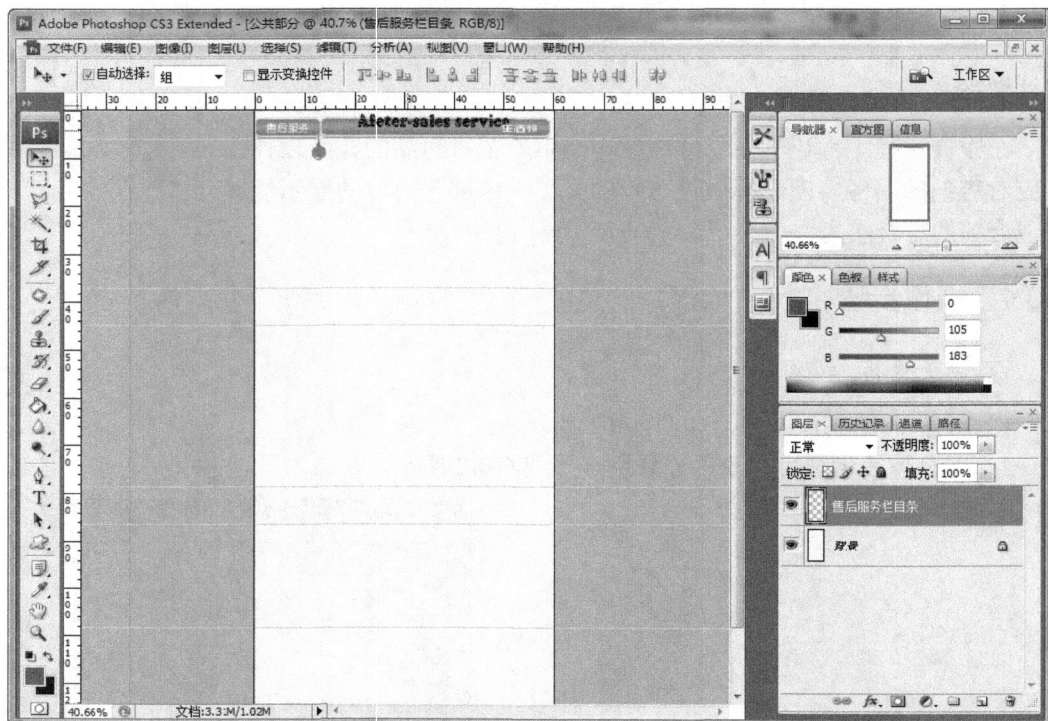

图 6-0-3

2）单击"图层"面板底部的"创建新组"按钮 ▣，新建一个图层组，如图 6-0-4 所示。

3）将图层组重命名为"网店售后"，并在图层组中新建一个图层，命名为"绿色底部"，如图 6-0-5 所示。

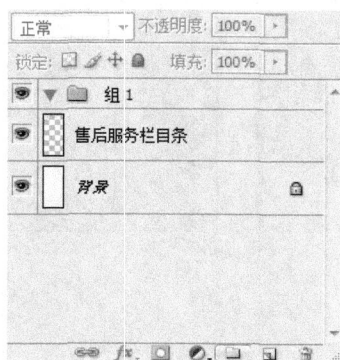

图 6-0-4

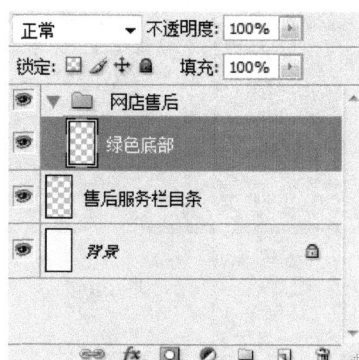

图 6-0-5

4）选择圆角矩形工具 ，在属性栏中设置"半径"为 **99px**，并设置其固定大小值，如图 6-0-6 所示。

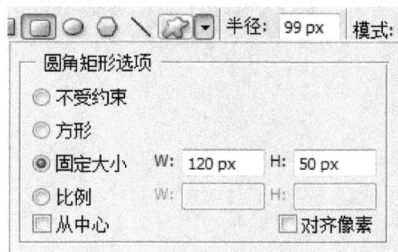

图 6-0-6

5）在图层"绿色底部"中设置参考线，并在如图 6-0-7 所示处绘制一个圆角椭圆路径，按 Ctrl+Enter 组合键将其转化为选区。

图 6-0-7

6）选择渐变工具 ，单击属性栏中的渐变颜色块，打开"渐变编辑器"对话框，将渐变颜色设为从亮绿色（RGB：19，233，231）到深绿色（RGB：19，183，182），单击"确定"按钮。选中属性栏中的"线性渐变"选项 ，按住 Shift 在图像窗口中从上向下拖曳填充渐变色，并按 Ctrl+D 组合键取消选区，效果如图 6-0-8 所示。

7）单击"图层"面板底部的"添加图层样式"按钮 ，在弹出的菜单中选择"投影"选项，在弹出的"图层样式"对话框中设置各阴影参数，如图 6-0-9 所示，单击"确定"按钮，效果如图 6-0-10 所示。

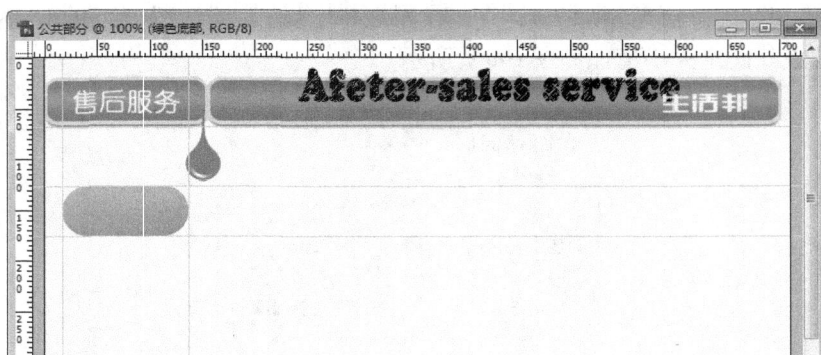

图 6-0-8

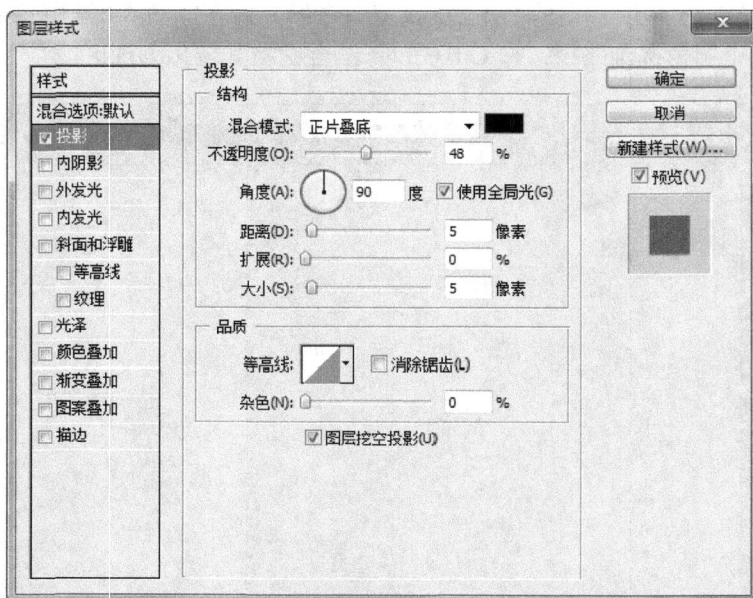

图 6-0-9

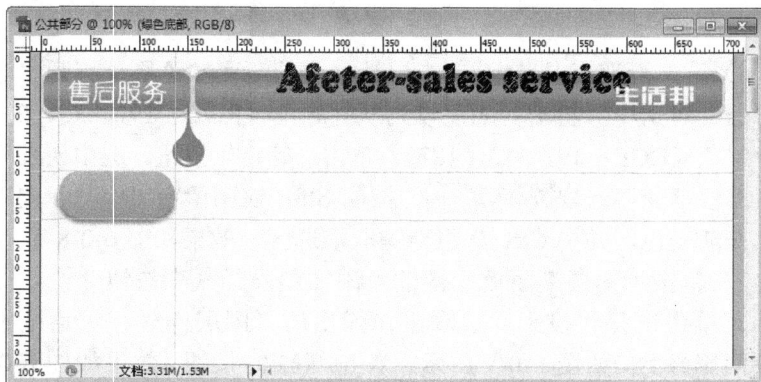

图 6-0-10

8）在"网店售后"图层组中新建一个图层，命名为"白色圆形"。选择椭圆选框工具 ⬭，按住 Shift 键画出一个正圆，将前景色改成白色，按 Alt+Delete 组合键，用前景色填充，效果如图 6-0-11 所示。

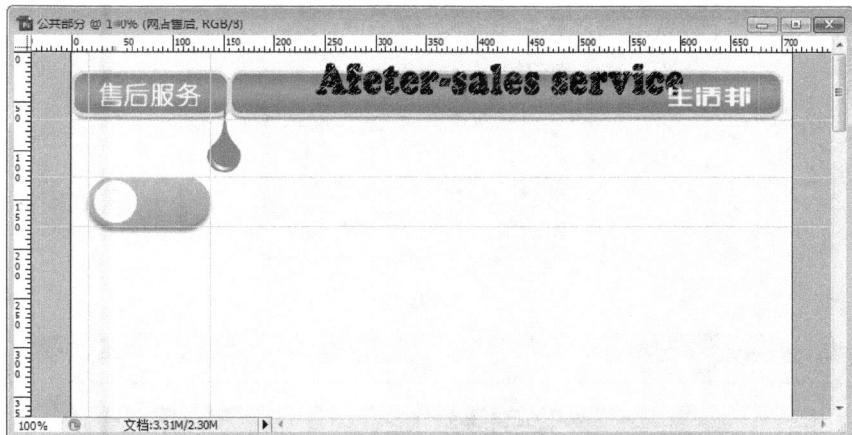

图 6-0-11

9）打开第 2 章完成的 LOGO，选择移动工具 ⬇⊕，将其拖动到"网店售后"图层组，命名为"logo"。按 Ctrl+T 组合键，将其缩放到合适大小，移动图片至"白色圆形"上，效果如图 6-0-12 所示。

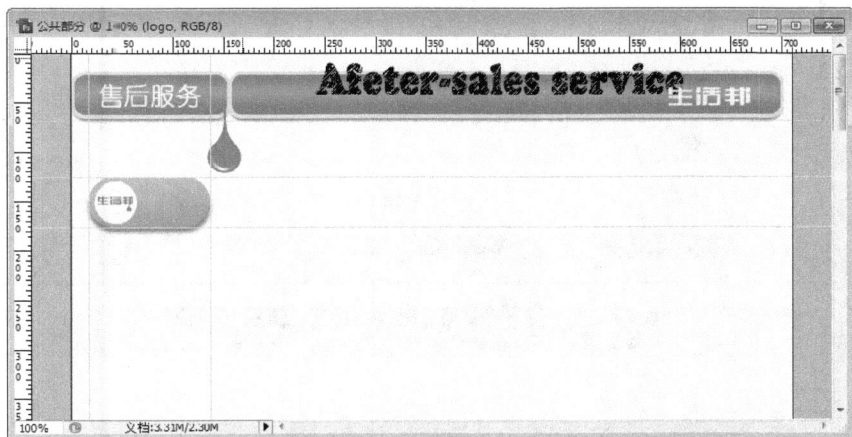

图 6-0-12

10）选择横排文字工具 T，在相应位置输入"网站售后"字样，字体颜色为白色，在"字符"面板中调整字符参数，如图 6-0-13 所示，最终效果如图 6-0-14 所示。

11）选择横排文字工具 T，在"网站售后"字样后输入相应的文字，调整字体及大小，效果如图 6-0-15 所示。

图 6-0-13

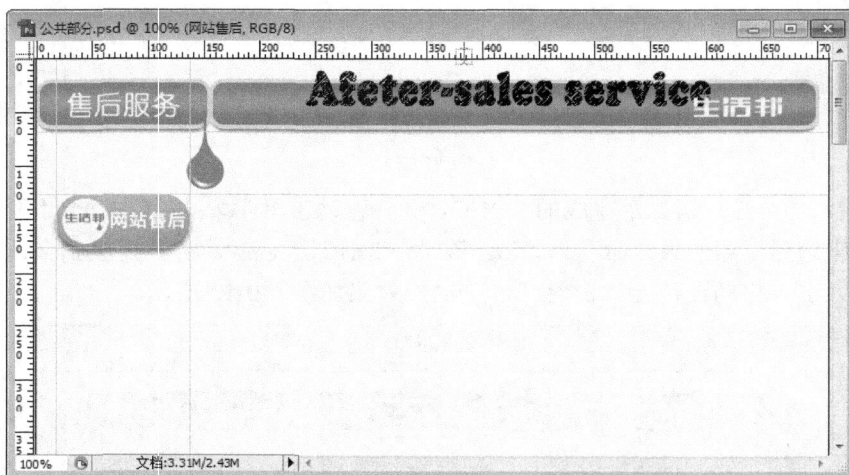

图 6-0-14

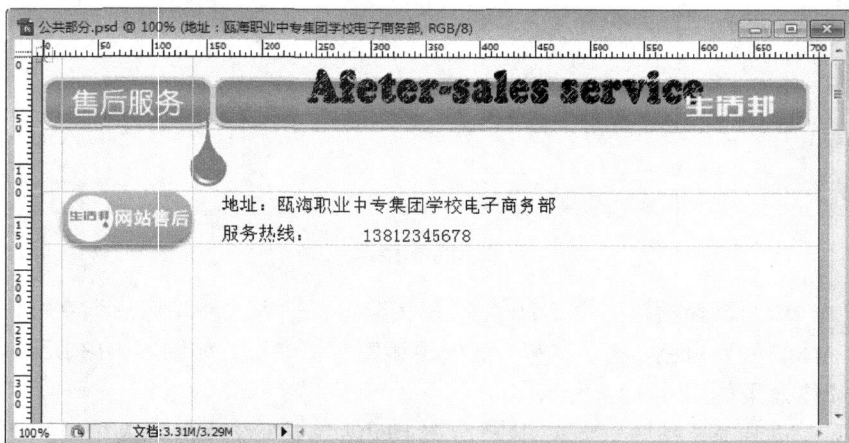

图 6-0-15

12）选择自定形状工具 ，选择属性栏中的"填充像素"选项 ，在属性栏的"形状"下拉列表中选择电话形状 ☎。新建图层"电话"，拖动鼠标绘制电话，效果如图 6-0-16 所示。

图 6-0-16

13）用制作"网站售后"图层组同样的方法，完成如图 6-0-17 所示效果。

图 6-0-17

3. "买家须知"部分制作

1）将上一章完成的"买家须知"栏目条复制至图层中，命名为"买家须知栏目条"，效果如图 6-0-18 所示。

2）新建图层"绿色底"，选择矩形选框工具 ▨，在画布上绘制矩形。设置前景色为绿色（RGB：13，165，166），按 Alt+Delete 组合键，用前景色填充选区，效果如图 6-0-19 所示。

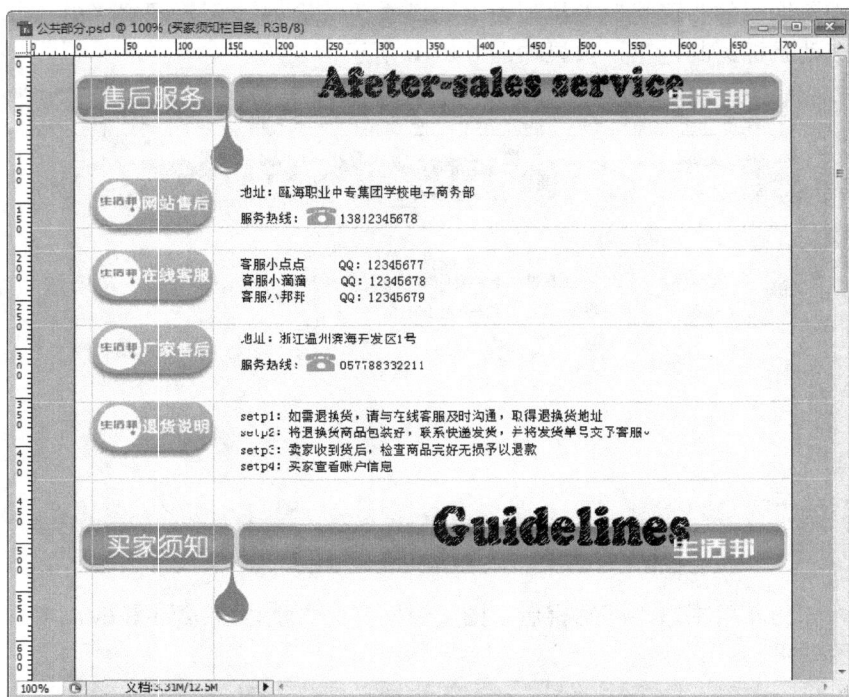

图 6-0-18

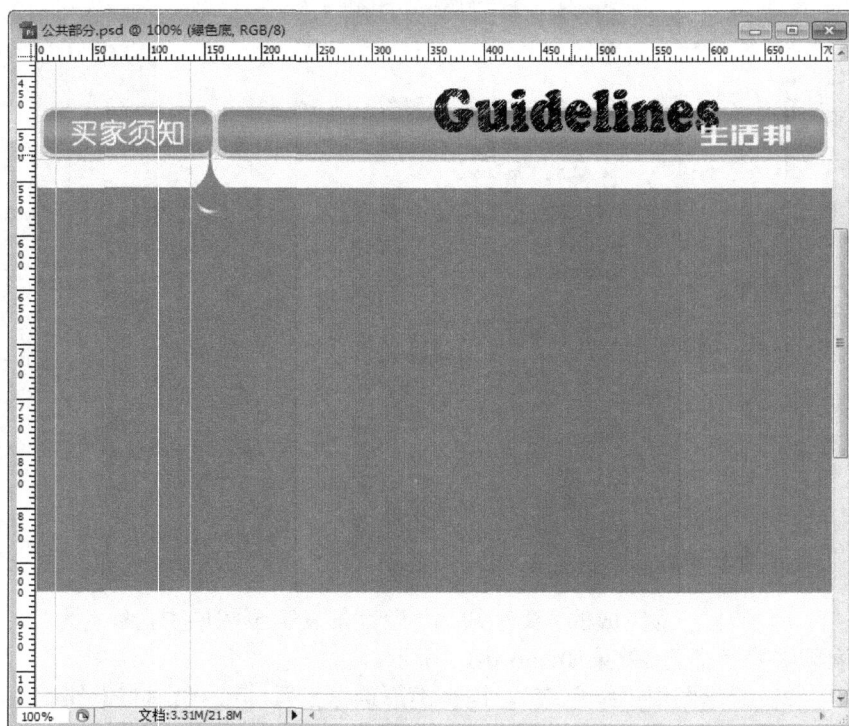

图 6-0-19

3）按住 Ctrl 键单击"买家须知栏目条"图层缩略图载入选区，选择"选择→修改→扩展"命令，弹出"扩展选区"对话框，设置如图 6-0-20 所示。新建图层"白色框"，将前景色设置为白色，按 Alt+Enter 组合键，用前景色填充选区。将"白色框"图层移至"买家须知栏目条"图层的下面，效果如图 6-0-21 所示。

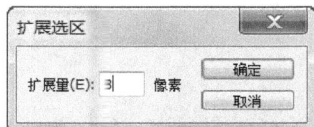

图 6-0-20

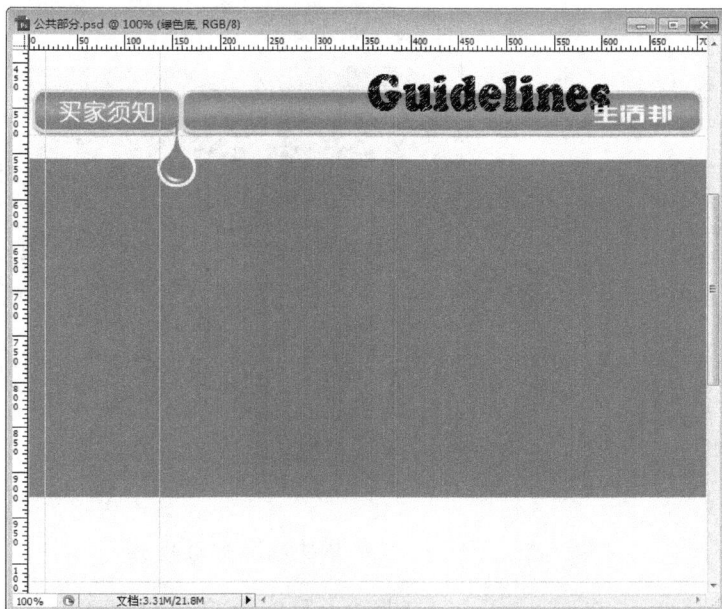

图 6-0-21

4）用制作"网站售后"图层组同样的方法，完成如图 6-0-22 所示效果。

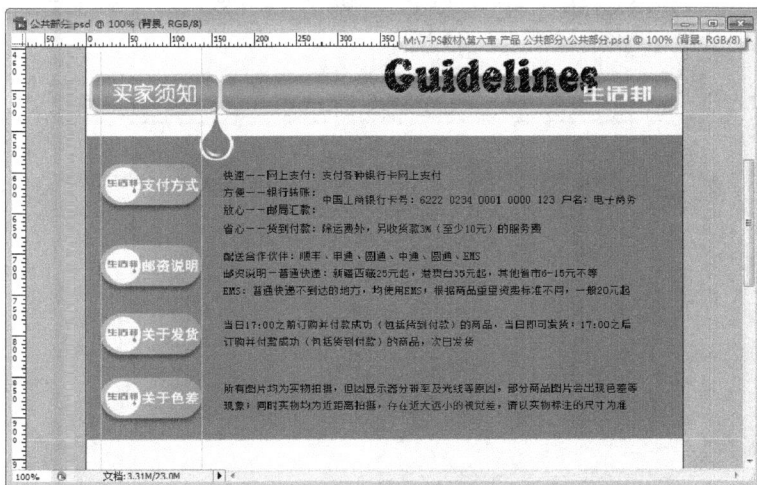

图 6-0-22

5）新建图层"分割线"，选择直线工具![直线工具]，选择属性栏中的"填充像素"选项![填充像素]，按住 Shift 键，在相应位置画直线，完成后在"图层"面板中将"不透明度"设为 20%，效果如图 6-0-23 所示。

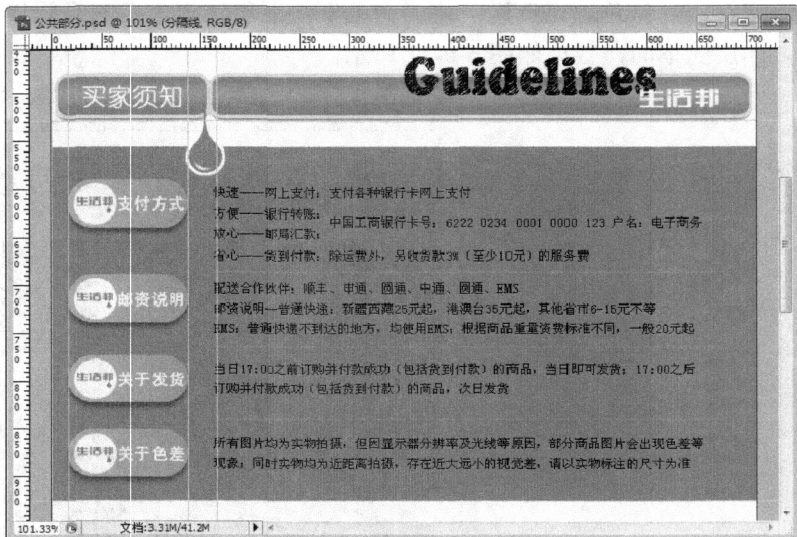

图 6-0-23

4."交易流程"部分制作

1）将上一章完成的"交易流程"栏目条复制至图层中，命名为"交易流程栏目条"。

新建图层组"拍下付款"，并在图层组中新建图层"红框"。选择圆角矩形工具![圆角矩形工具]，在属性栏中设置"半径"为 10px，并设置其固定大小（W：120px，H：165px），选中"路径"选项![路径]，在画布中画出一个圆角矩形，效果如图 6-0-24 所示。

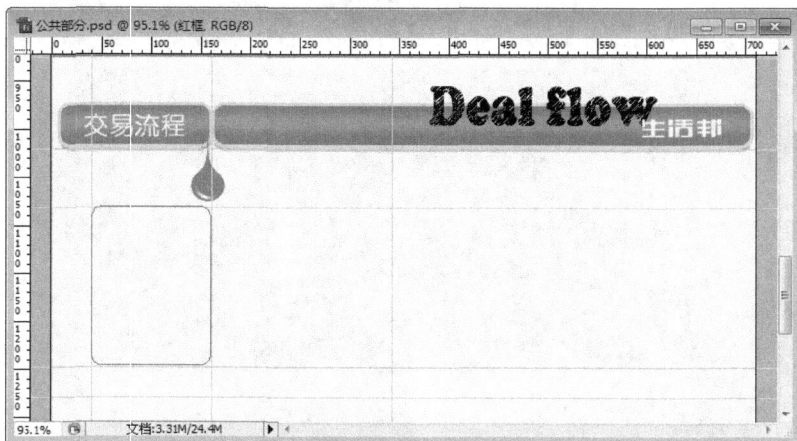

图 6-0-24

2）设置前景色为红色（RGB：155，13，13），选择画笔工具 ，单击属性栏中的"切换画笔调板"按钮 ，弹出"画笔"面板，选择"画笔笔尖形状"选项，参数设置如图 6-0-25 所示。单击"路径"面板底部的"用画笔描边路径"按钮 ，效果如图 6-0-26 所示。

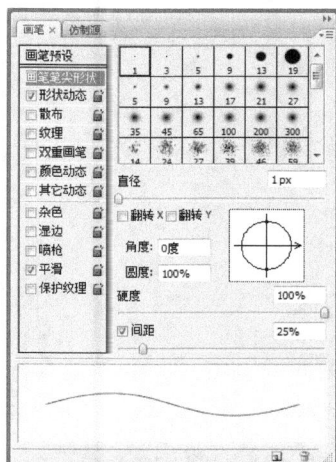

图 6-0-25

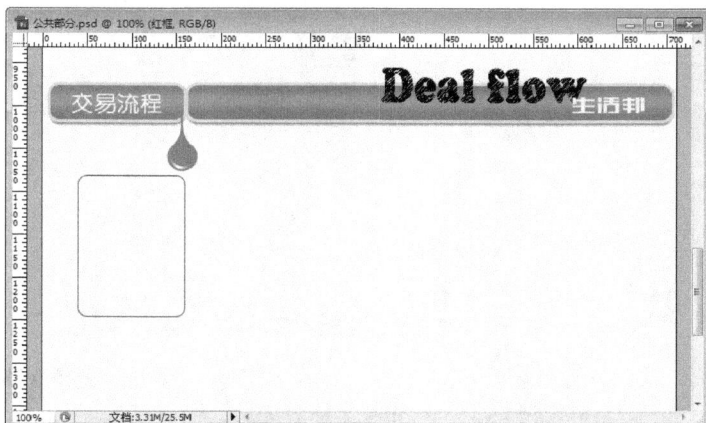

图 6-0-26

3）用同样的方法，变换适当的参数，画出如图 6-0-27 所示效果。

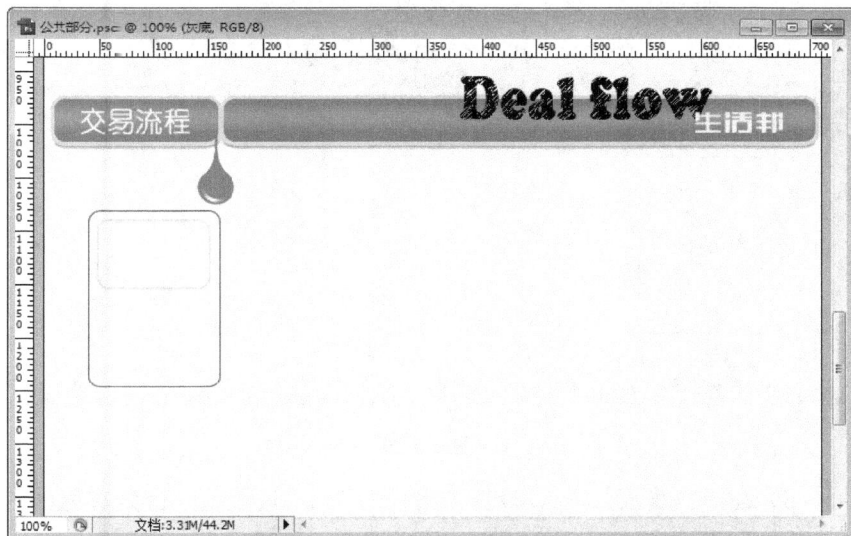

图 6-0-27

4）选择自定义形状工具 ，选择属性栏中的"填充像素"选项 ，在属性栏的"形状"下拉列表中选择"购物车"形状 。新建图层"购物车"，设置前景色为绿色（RGB：13，165，166），拖动鼠标绘制购物车，效果如图 6-0-28 所示。

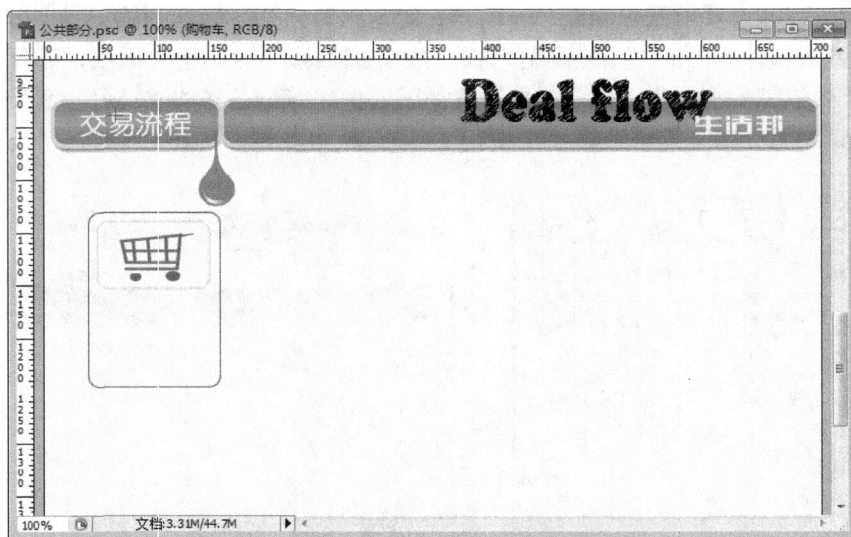

图 6-0-28

5）在"购物车"下方输入文字"拍下付款"，设置相应颜色和字体，效果如图 6-0-29 所示。

图 6-0-29

6）选择直线工具 ，设置"粗细为 1px，设置前景色为灰色，在"拍下付款"下方绘制灰色直线，效果如图 6-0-30 所示。

7）设置相应的字体和颜色，在灰色直线下方输入文字，效果如图 6-0-31 所示。

8）用同样的方法制作"发货检查"、"卖家发货"、"买家签收"、"确认评价"图层组，效果如图 6-0-32 所示。

图 6-0-30

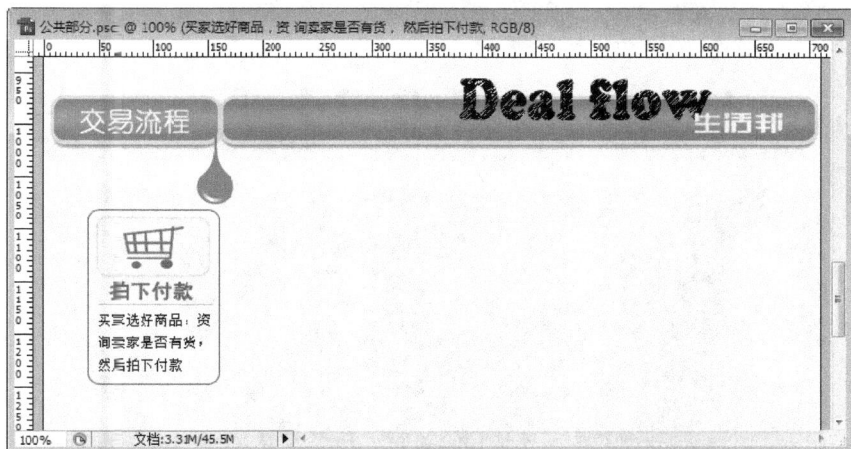

图 6-0-31

图 6-0-32

5．公共部分的完成效果

公共部分的完成效果如图 6-0-33 所示。

售后服务 — Afeter-sales service — 生活邦

网站售后
地址：瓯海职业中专集团学校电子商务部
服务热线：☎ 13812345678

在线客服
客服小点点　　QQ：12345677
客服小滴滴　　QQ：12345678
客服小邦邦　　QQ：12345679

厂家售后
地址：浙江温州滨海开发区1号
服务热线：☎ 057788332211

退货说明
setp1：如需退换货，请与在线客服及时沟通，取得退换货地址
setp2：将退换货商品包装好，联系快递发货，并将发货单号交予客服。
setp3：卖家收到货后，检查商品完好无损予以退款
setp4：买家查看账户信息

买家须知 — Guidelines — 生活邦

支付方式
快速——网上支付：支付各种银行卡网上支付
方便——银行转账：中国工商银行卡号：6222 0234 0001 0000 123 户名：电子商务
放心——邮局汇款：
省心——货到付款：除运费外，另收货款3%（至少10元）的服务费

邮资说明
配送合作伙伴：顺丰、申通、圆通、中通、圆通、EMS
邮资说明一普通快递：新疆西藏25元起，港澳台35元起，其他省市6-15元不等
EMS：普通快递不到达的地方，均使用EMS，根据商品重量资费标准不同，一般20元起

关于发货
当日17:00之前订购并付款成功（包括货到付款）的商品，当日即可发货；17:00之后订购并付款成功（包括货到付款）的商品，次日发货

关于色差
所有图片均为实物拍摄，但因显示器分辨率及光线等原因，部分商品图片会出现色差等现象；同时实物均为近距离拍摄，存在近大远小的视觉差，请以实物标注的尺寸为准

交易流程 — Deal flow — 生活邦

拍下付款	发前检查	卖家发货	买家签收	确认评价
买家选好商品，资询卖家是否有货，然后拍下付款	卖家发货前会仔细检查货物是否有问题，再发货	联系店主，确认物流方式，如有特殊要求，请提前告知	收到货物后，请在快递员面前打开，检查货物是否有损	如货物没问题，请及时确认评价，有问题，请联系客服

图 6-0-33

6.0.2 相关工具

1．参考线的设置

设置参考线后可以使编辑图像的位置更精确。将鼠标指针放在水平标尺上，按住鼠标左键不放向下拖曳出水平的参考线，效果如图 6-0-34 所示。将鼠标指针放在垂直标尺上，按住鼠标左键不放向右拖曳出垂直的参考线，效果如图 6-0-35 所示。

图 6-0-34

图 6-0-35

（1）显示或隐藏参考线

选择"视图→显示→参考线"命令（或按 Ctrl+H 组合键）可以显示或隐藏参考线 Ctrl+H，此命令只有在存在参考线的情况下才能应用。

（2）移动参考线

选择移动工具，将鼠标指针放在参考线上，鼠标指针变为，按住鼠标左键拖动即可移动参考线。

（3）锁定、清除、新建参考线

选择"视图→锁定参考线"命令（或按 Alt+Ctrl+；组合键）可以将参考线锁定，参考线锁定后将不能移动。选择"视图→清除参考线"命令可以将参考线清除。选择"视图→新建参考线"命令，弹出"新建参考线"对话框，如图 6-0-36 所示，设定选项后单击"确定"按钮，图像中即可出现新建的参考线。

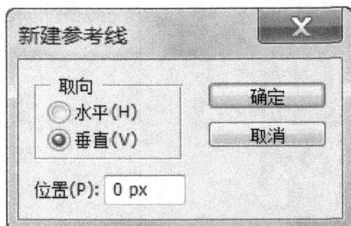

2. 标尺的设置

设置标尺后可以精确地编辑和处理图像。选择"编辑→首选项→单位与标尺"命令，弹出"首选项"对话框，如图 6-0-37 所示。

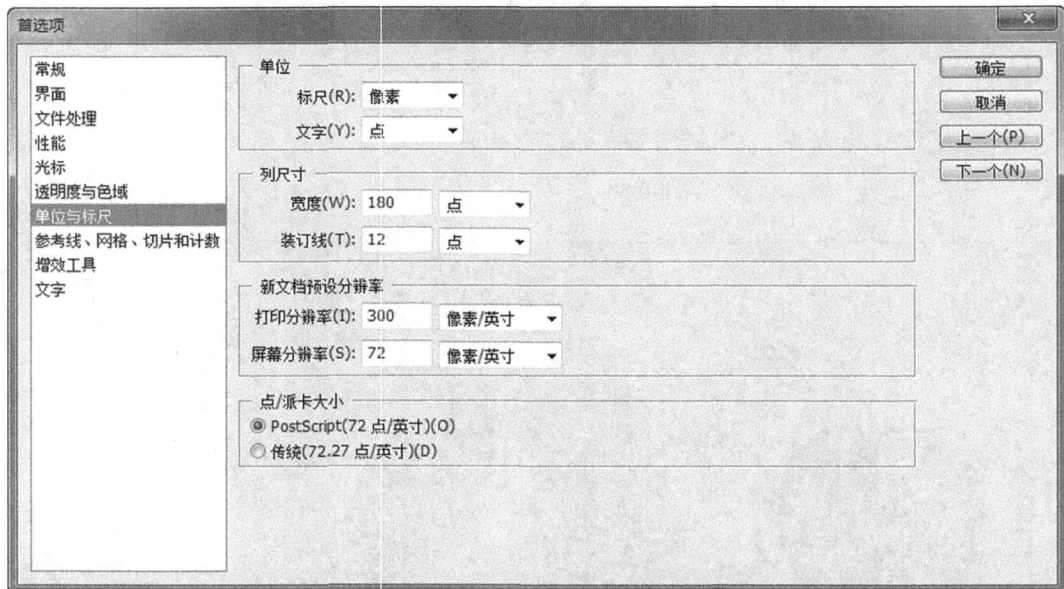

图 6-0-36

图 6-0-37

"单位"选项用于设置标尺和文字的显示单位，有不同的显示单位供选择。"列尺寸"用于通过列来精确确定图像的尺寸。"点/派卡大小"选项与输出有关。选择"视图→标尺"命令，可以显示与隐藏标尺，如图 6-0-38 和图 6-0-39 所示。

图 6-0-38

图 6-0-39

　　将鼠标指针放在标尺的 X 轴和 Y 轴的 0 点处，如图 6-0-40 所示。单击并按住鼠标左键不放，向右下方拖曳鼠标到适当的位置，如图 6-0-41 所示，释放鼠标，标尺的 X 轴和 Y 轴的 0 点就变为鼠标指针移动后的位置，如图 6-0-42 所示。

图 6-0-40

图 6-0-41

图 6-0-42

3．网格线的设置

设置网格线后可以将图像处理得更精确。选择"编辑→首选项→参考线、网格、切片和计数"命令，弹出"首选项"对话框，如图 6-0-43 所示。

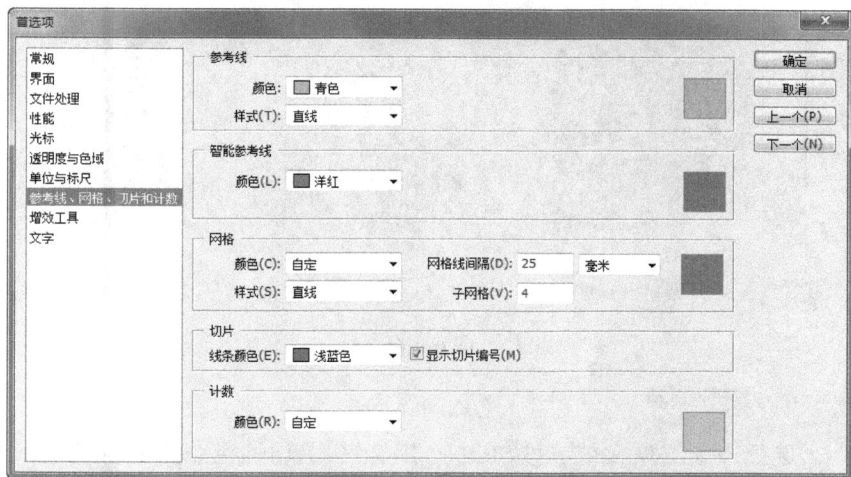

图 6-0-43

"参考线"选项用于设定参考线的颜色和样式。"网格"选项用于设定网格的颜色、样式、网格线间隔、子网格等。"切片"选项用于设定切片的颜色和显示切片的编号。

选择"视图→显示→网格"命令可以显示或隐藏网格，如图 6-0-44 和图 6-0-45 所示。

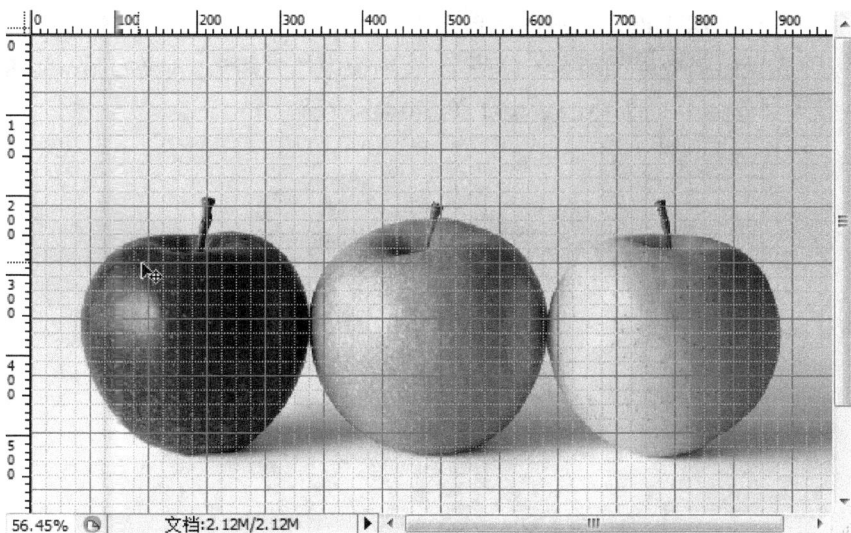

图 6-0-44

图 6-0-45

4．矩形工具

选择矩形工具 □ 或者按 Shift+U 组合键，其属性栏如图 6-0-46 所示。

图 6-0-46

□ ▣ □：用于选择创建形状图层、创建工作路径或填充区域。

◊ ◊ □ □ ○ ○ \ ☆ ▾：用于选择形状路径工具的种类。

□ ▣ ▣ ▣ ▣：用于选择路径的组合方式。

样式：图层风格选项。

颜色：用于设定图形的颜色。

原始图形效果如图 6-0-47 所示。在图像中绘制矩形，效果如图 6-0-48 所示，"图层"面板中的效果如图 6-0-49 所示。

图 6-0-47

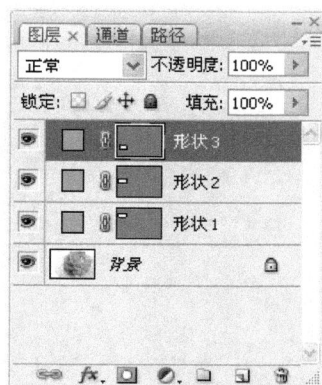

图 6-0-48   图 6-0-49

5. 圆角矩形工具

选择"圆角矩形工具"![icon]或者按 Shift+U 组合键，其属性栏如图 6-0-50 所示。其属性栏中的内容与矩形工具属性栏类似，只增加了"半径"选项，用于设定圆角矩形的平滑程度，数值越大越平滑。

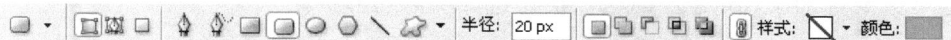

图 6-0-50

原始图像效果如图 6-0-51 所示。在图像中绘制圆角矩形，效果如图 6-0-52 所示，"图层"面板中的效果如图 6-0-53 所示。

图 6-0-51

图 6-0-52

185

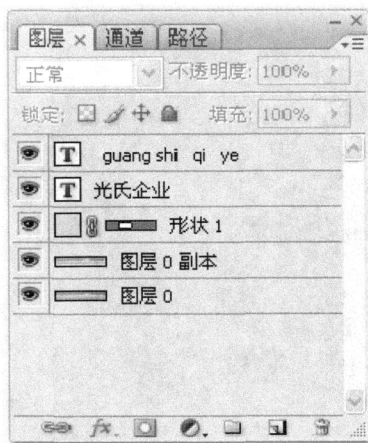

图 6-0-53

6. 自定形状工具

选择自定形状工具 或按 **Shift+U** 组合键，其属性栏如图 **6-0-54** 所示。其属性栏中的内容与"矩形"工具属性栏中的内容类似，只增加了"形状"选项，用于选择所需的形状。

图 6-0-54

单击"形状"右侧的下拉按钮，弹出如图 **6-0-55** 所示的"形状"面板，列出了可供选择的各种不规则形状。

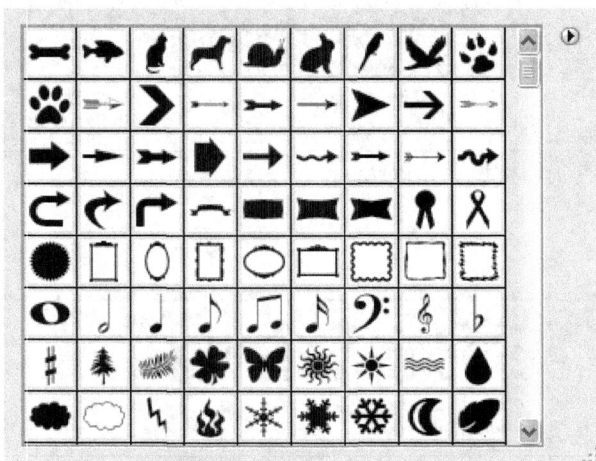

图 6-0-55

原始效果如图 **6-0-56** 所示。在图像中绘制不同的形状图形，效果如图 **6-0-57** 所示，"图层"面板中的效果如图 **6-0-58** 所示。

可以应用"定义自定形状"命令来制作并定义形状。使用钢笔工具 ✍ 在绘图窗口中绘制路径并填充路径，如图 6-0-59 所示。

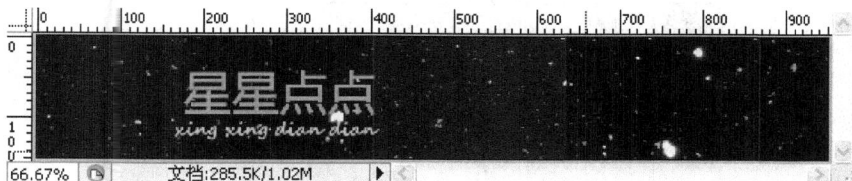

图 6-0-56

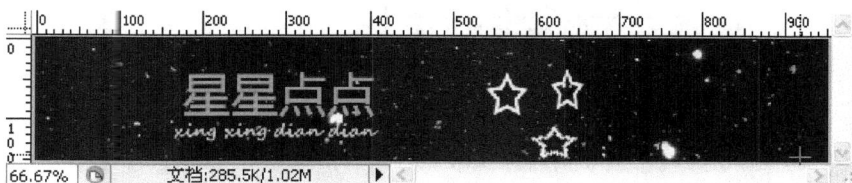

图 6-0-57

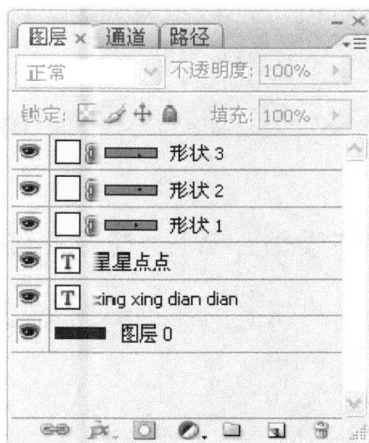

图 6-0-58

图 6-0-59

选择"编辑→定义自定形状"命令，弹出"形状名称"对话框，在"名称"选项的文本框中输入自定形状的名称，如图 6-0-60 所示，单击"确定"按钮，在"形状"选项的面板中将显示刚才定义的形状，如图 6-0-51 所示。

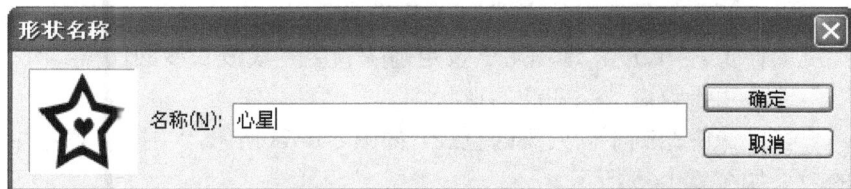

图 6-0-60

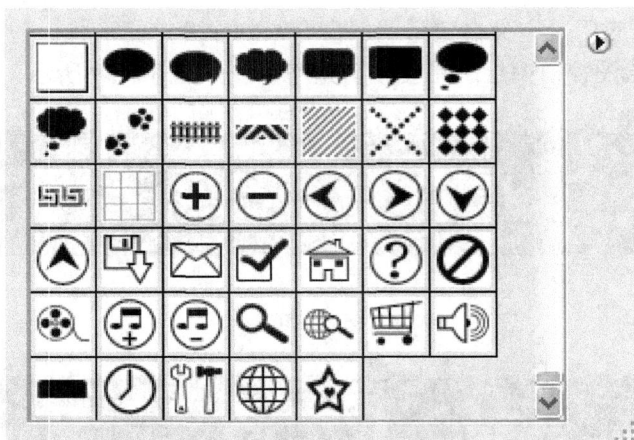

图 6-0-61

7．直线工具

选择直线工具 ＼ 或按 Shift+U 组合键，其属性栏如图 6-0-62 所示。其属性栏中的内容与"矩形"工具属性栏类似，只增加了"粗细"选项，用于设定直线的宽度。

图 6-0-62

单击 ＼ 右侧的下拉按钮，弹出"箭头"面板，如图 6-0-63 所示。

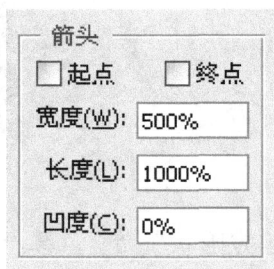

图 6-0-63

其中，"起点"选项用于设定箭头位于线段的始端。"终点"选项用于设定箭头位于线段的末端。"宽度"选项用于设定箭头宽度和线段宽度的比值。"长度"选项用于设定箭头长度和线段长度的比值。"凹度"选项用于设定箭头凹凸的形状。

在图像中绘制不同效果的直线，如图 6-0-64 所示，"图层"面板中的效果如图 6-0-65 所示。

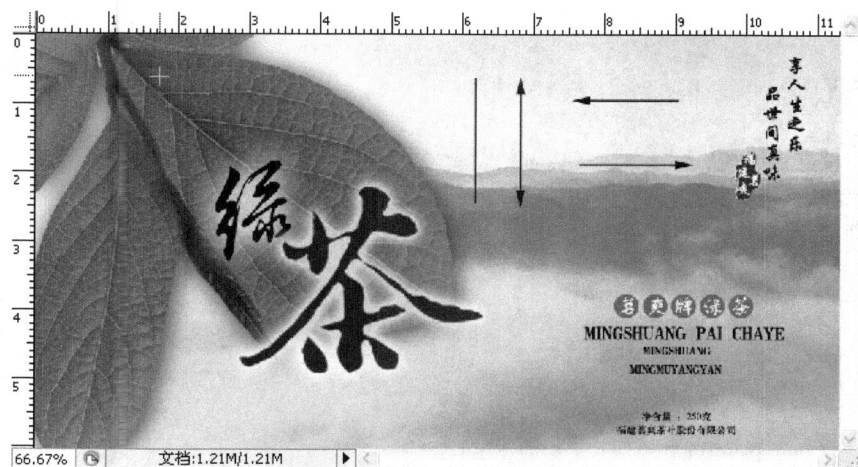

图 6-0-64

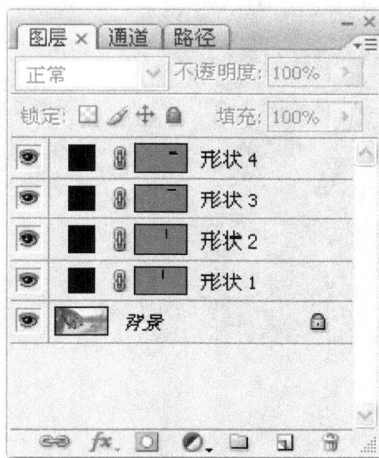

图 6-0-65

8．多边形工具

选择多边形工具 ⬡ 或按 Shift+U 组合键，其属性栏如图 6-0-66 所示。其属性栏中的内容与矩形工具属性栏类似，只增加了"边"选项，用于设定多边形的边数。

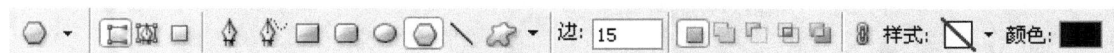

图 6-0-66

原始图像效果如图 6-0-67 所示。单击属性栏 ⬡ ⬡ □ ○ ○ ⬡ ＼ ☆ · 右侧的下拉按钮，在弹出的"多边形选项"面板中进行设置，如图 6-0-68 所示，在图像中绘制多边形，效果如图 6-0-69 所示，"图层"面板中的效果如图 6-0-70 所示。

图 6-0-67

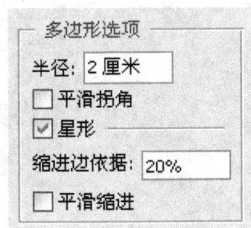

图 6-0-68

图 6-0-69

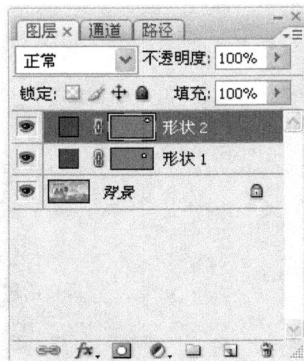

图 6-0-70

6.0.3 实战演练

请结合之前学习过以及本章新学习的工具，制作一份商品公共部分，效果如图 6-0-71 所示。

▶ **温馨提示**

1 邮资说明

物流公司：**竞赛专用物流**

物流费用：1公斤以内5元，超重按每公斤2元计算。

2 支付方式

货到付款：快递送货上门时使用现金支付，无需手续费。

信用卡支付：采用的是信用卡的即使到账，所支付成功的款立即入卖家账户。

在线支付（一网通、支付宝）：网上在线支付功能，可即使到账。

网银支付：网商商城采用中国银联的支付平台，各银行对支付要求进行操作。

3 购物流程

选择商品 → 放入购物车 → 提交订单 → 立即付款 → 收货和评价

4 退货流程

填写退货申请书 ⤳ 提交退货退单 ⤳ 卖家同意退货 ↓ 退货成功 ⤳ 卖家签收商品 ⤳ 物流返还商品

5 生产商售后服务

生产商地址：浙江 宁海县黄坛镇车站西路128号

产自：中国

电话：0574-65278888

传真：0574-65273660

网址：www.deli-stationery.com

5 网店售后服务

服务地址：2012全国职业院校技能大赛电子商务赛场

联系方式：1381380123

图 6-0-71

项目考核评价

按表 6-1 对学生学习效果进行评价。

表 6-1　评价表

项目	学习要求	评价标准				评分	互评	教师评价
		优秀	良好	合格	不合格			
1	掌握参考线的新建、移动、删除							
2	掌握标尺的设置、修改							
3	掌握网格线的修改、设置							
4	掌握矩形工具、圆角矩形工具的使用							
5	掌握自定义形状工具的使用							
6	掌握直线工具的使用							
7	掌握多边形工具的使用							

参 考 文 献

孙东梅．2014．淘宝网店页面设计、布局、配色、装修一本通[M]．2版．北京：电子工业出版社．

魏哲．2010．边做边学：Photoshop CS3 图像制作案例教程[M]．北京：人民邮电出版社．

张航，王秀幺，李伟．2012．网店装修入门与提高[M]．北京：清华大学出版社．